不要急，一切都来得及

米　苏◎编著

中国纺织出版社

内 容 提 要

社会一直向前走，生活步伐在提速，速度和压力迎面而来，作为年轻人，我们很困惑，我们很焦虑。在人生的路上，我们都怕来不及。来不及弄清楚自己想要什么，来不及确定自己的爱情，来不及功成名就，来不及享受生活。

换言之，在奋斗的路上，我们都想快起来，快一点成功，快一点过上自己想要的生活。可是古语曰，欲速则不达。压力让人崩溃，情绪变得失控，所有事情好像都脱离了原来的轨道，变得不受控制。也许，我们该把节奏降下来，审视自己已经拥有的，耐心地把一些基本的事情做好，让自己慢慢来。

认真地过好当下，用力地拥抱生活的赐予。每一刻都是生活，每一刻都是喜悦。不要急，一切都来得及。

图书在版编目（CIP）数据

不要急，一切都来得及 / 米苏编著. --北京：中国纺织出版社，2014.7（2024.4重印）
ISBN 978-7-5180-0590-1

Ⅰ.①不… Ⅱ.①米… Ⅲ.①成功心理—通俗读物 Ⅳ.①B848.4-49

中国版本图书馆CIP数据核字（2014）第071560号

策划编辑：徐丽丽　　　　责任印制：储志伟

中国纺织出版社出版发行
地址：北京市朝阳区百子湾东里A407号楼　邮政编码：100124
销售电话：010—87155894　传真：010—87155801
http：//www.c-textilep.com
E-mail：faxing@c-textilep.com
官方微博http://weibo.com/2119887771
北京兰星球彩色印刷有限公司印刷　各地新华书店经销
2014年7月第1版　2024年4月第3次印刷
开本：710×1000　1/16　印张：17
字数：164千字　定价：76.00元

凡购本书，如有缺页、倒页、脱页，由本社图书营销中心调换

前言

纽约市市长布伦伯格在纽约市立大学的毕业典礼上发表了这样一段演说：

“成功的秘诀其实很简单，就是，你要比别人能打拼。如果你比办公室里所有同事都早到，都晚退，而且一年365天没请过一天病假——你就一定会成功！”

他以自己的父亲作为典范：“我父亲就是这样，他从早干到晚，一周7天，一辈子从不休息，干到最后一刻，然后跑到医院挂号，离开人世。”

他说得很认真，且极其严肃。其实，他是在反讽。

不知从何时起，“急”成了世人的生活节奏、心灵节奏。似乎，成功永远属于走在最前面的那个人，幸福永远归功于追逐，就连未可知的明天也幻化成了头脑中的预演篇。

跑，真的就比走要快吗？也许，在竞技场上它是不变的真理，但置身于在生活的世界里，它可能会颠覆许多人的认知。生活不是比赛，是一场走过就无法回头的旅程，走得太急了，跑得太快了，会忽略风景，会迷失方向，会错过你不曾发现的美好。

我们着急地学习如何与别人相处，到头来却不知道该怎样与自己相处；我们都在读有用的书，交有用的朋友，做有用的事，却从来没有想过该如何认识“空”。殊不知，千万次的跌倒才能长成大人，停下来再出发才能走得更远。关于未来，不必忧伤得太早，一步步走下去，结果自会呈现。

记得王安忆在复旦大学研究生院的毕业典礼上提出过三个嘱咐：“不要尽想着有用，不要过于追求效率，不要急于加入竞争。”有人把它概括为无用之用、过程之美、竞争之失，是一种“不着急的人生”。

根本不必着急把棋盘下满，不必急着让生活给予你所有答案。即便向空谷喊话，不也是要等一会儿才能听得到绵长的回音？生活总会给你答案，一切都还来得及。

米苏

2014年3月

目录

001 第1章 脚步无须匆匆，累了就停一停

《侏罗纪公园》里有一句经典台词："生命会找到他自己的出路。"有时候，走真的比跑快。走着，不会错过风景，悠闲自得；跑着，会落下太多的人，最后孑然孤独。人生中许多的失去和得到都难以言明，许多所谓的价值和创造都实难判断。有一种不忙碌的生活，泡上一壶普洱茶，你爱聊天，我爱笑，坐在沙发上笑得东倒西歪，再一起吃朋友做的晚饭，最后拥抱道别，依依不舍。这确是另一种创造，创造了愉悦，得到了健康和平衡，留下了美好的记忆。这些也许不能带来物质财富，却显然对人生意义重大，影响深远。

柴静采访过的一位台湾老兵说过一句话：“没有在深夜痛哭过的人，不足以谈人生。”越往后活就会越明白，人生有时候就是一个不停面对不堪的过程，没有愿意或不愿意，只有在阳光下微笑或是在黑夜里哭泣的区别。我们能做的只是沉默地等这一阵过去，相信这一夜的痛哭过后，还有新的晨曦。生命是项冠冕加之于你头上，其上镶嵌的宝石既可以用光芒给你尊严，又生出荆棘来将你刺痛。

《午夜的沉默》里有段话：“人要生活，就一定要有信仰。相信一切事物和一切时刻合理的内在联系，相信生活作为整体将永远延续下去，相信最近的东西和最远的东西。”未来在该来的时候就来了，它承担得了你的荣誉，却承担不起你给的预设。若是没有努力活出最好、最善和最真的自己，没有抬起头看向远方的一片辽阔天地，也不曾低头追求内心的觉醒，那么，这一生，算是白活了。爱你现在的时光，过去的已经过去了，较什么劲呢？未来的还没有来，你焦虑什么？

你曾经以为不会坚持的，不会努力的，就在你咬咬牙之后的几年，突然全部实现了；你曾经受过的伤，流过的泪，你以为不会好的痛，就在“有一天”，突然就都痊愈了。你不知道的答案，时间会告诉你。有一天，你会明白，忧伤不适合你，你只需要简单的快乐。有一天，你会庆幸，当初坚持了自己的梦，即便曾有那么多人在反对。有一天，你会坦然，心安理得地对待放弃的过往。慢慢走吧，不管现在是停留还是奔跑，只要知道，生活向前，从未错过。

《幸与不幸都是福》这本书里这样说过："人最大的不幸，就是不知道自己是幸福的。我们很少想到自己还拥有什么，对于失去的、欠缺的却一直念念不忘。所以说，上天为了要使我们有看见的能力，就安排了各种失去的课程。借由失去，让人学习'看见'的能力——看见自己拥有的幸福。"在每个人的青涩年华里，都曾经盛放着那些执迷不悟的花，有些辗转飘零，有些日渐凋谢。但有一件事你必须承认：你已长大，你将老去。博大可以稀释忧愁，宁静能够驱散困惑。让自己拥有一个容纳百川的胸怀，不悲喜，不动怒，不怨恨，心存感激，时刻微笑。行到水穷处，坐看云起时，冰消雪融，草长莺飞。

《灵山》里有一段话："历世间大喜大悲、惊心动魄之事，莫自伤形骸、莫如死灰槁木、莫激愤癫狂，神魂不欲疯魔必有所寄，所寄莫失。"这是一种默默接受蜕变、厚积薄发的状态。在这个激荡人心而又易于浮躁的时代，即便尘世扰攘，也可以给内心营造一个温暖的驿站，让它平静下来。在安静中，不慌不忙地坚强。你要知道，生命除了外表的喧闹与不安之外，还有一种内里的安静和细致，不因时日的推移而消失，就好像水仙淡淡的清芬，慢慢酝酿，缓缓释放。

第7章　没有一种付出，回报的是谴责

励志大师托尼·罗宾斯说：“识别你所面对的问题是什么，你就有力量与勇气去解决它。”不是每个人的成功都是一剂良药，冲水即食；不是每个人的成功都是一条咒语，默念即灵。但是，成功的每一个人，都曾在他们青春里呐喊过，失望过，彷徨过，失意过，却从未放弃对理想的坚持。你只需记住，没有哪次行动会带来100%的失败。你是唯一一个该为你的成功负责的人。一次实实在在的行动，有时候可以抵过十次甚至几十次反反复复的述说。因为语言很容易被人忽略甚至省略，只有行动，才能让人无法忽视它的存在感。

227 第8章 别急着去爱，天没老，地也没荒

钱锺书晚年时曾说：“见到她之前从未想到要结婚，我娶了她几十年，从未后悔，也未想过要娶别的女人。”生命中总会有无数个擦肩而过，不是每个相遇都能凝结成相守，转化成相知。一辈子那么长，生活中变数那么多，有时你以为会永远陪你走下去的那个人，居然只能陪你一段路。幸好我们总会保有一点对于永远的奢望，不至于错过下一次的爱情。别急着去爱，在“想要”走入婚姻之前，问自己三个问题：我是否愿意面对这个人一辈子？我是否了解他所有缺点？他能给我带来什么，而我又能为他做什么？想明白后许下的，才是承诺。

第1章

脚步无须匆匆，累了就停一停

《侏罗纪公园》里有一句经典台词：“生命会找到他自己的出路。”有时候，走真的比跑快。走着，不会错过风景，悠闲自得；跑着，会落下太多的人，最后孑然孤独。人生中许多的失去和得到都难以言明，许多所谓的价值和创造都实难判断。有一种不忙碌的生活，泡上一壶普洱茶，你爱聊天，我爱笑，坐在沙发上笑得东倒西歪，再一起吃朋友做的晚饭，最后拥抱道别，依依不舍。这确是另一种创造，创造了愉悦，得到了健康和平衡，留下了美好的记忆。这些也许不能带来物质财富，却显然对人生意义重大，影响深远。

※ 在一个时代里缓慢行走

2009年年底，一个“新世纪10年阅读最受读者关注十大作家”的评奖引起了学界不小的反响。其中，有一位获奖者没有前去现场，而是请友人代为领奖。在念那段获奖感言时，全场从一片喜庆祝贺的气氛中慢慢安静下来，纷纷若有所思。台上，话筒里传来了这样的声音：“这是一个每个人都在跑的时代，但是我坚持用自己的步调慢慢走，因为我觉得大家其实都太快了——就是因为我还在慢慢走，所以今天来不及到这里领奖。”

这位获奖者就是台湾著名漫画家，朱德庸。时隔两年，他又在《南方周末》上发表了一篇题为《在一个时代里缓慢行走》的专栏文章。他所发现和看到的，惊着了不少人，却不知又能让多少人醒过来。他发现，这个时代的人并不像自然界中顺着天性去发展，而是变得情绪越来越焦杂，感觉越来越淡薄。更糟糕的是，这个世界所有的城市面貌愈发相似，人们的生活方式也愈发雷同。

2011年，朱德庸的那本《大家都有病》的漫画作品一经出版，立即广受好评，畅销四方。他在自序中说：“我从2000年开始慢慢构思，到2005年开始慢慢动笔，前后经过了十年。这十年里，我看到亚洲国家的人们，先被贫穷毁坏一次，然后再被富裕毁坏另一次。我把这本书献给我的读者，并且邀请你和我一起，用你自己的方式，在这个时代里慢慢向前走。”

朱德庸的作品之所以从来不会让人失望，就是因为他总能用幽默机智的风格挖掘某一类型社会人的特质，从而折射出一个时期乃至一个时代的问题。他说，这个时代对我们大家开了一场巨大的心灵玩笑：我们周围所有的东西都在增值，只有我们的人生悄悄贬值。世界一直往前奔跑，而我们大家紧追在后。他问，可不可以停下来喘口气，选择“自己”，而不是选择“大家”？可不可以不再为了追求速度，而丧失了我们的生活，和生长的本质？

每一个时代都有它自己独特的印记：20世纪七八十年代，“多快好省”的口号让人们为实现四个现代化而倾尽所有的热情和精力；十多年后，“提速”的号召让磁悬浮列车成为亿万中国人的骄傲；如今，却有越来越多的人感叹，这是一个“物质愈丰富而精神愈贫瘠”的时代，这是一个让我们“进步”太快的时代。

是的，这是一个只有教导如何成功，却鲜有启迪人们如何保有自我的时代。身处其中，好像很少有人能逃脱得了“陀螺”的命运：随着年龄的增长，肩膀上背负的未来越来越庞大，那个远在天边又好像近在眼前的不可预见的“幸福”越来越勾魂，抽打着陀螺不得不转下去。上帝为我们开启了一扇门，于是人们便蜂拥而至、急不可耐，谁都不愿落下。然而当门再次打开时，我们才清醒地意识到这只是个梦，自己原来是在电梯里。失望的人们一个个走出电梯，却把灵魂落在了那里，上上下下。

既然，我们有机会来到这多彩多姿的世界里，就应该像一个旅行家，不仅要跋山涉水，更要欣赏过程。或者，生活是一趟单程列车，那么必然需要中途休整，长途跋涉路过的一个个小站，就是为了让我们在那里加水、加煤、检修。放慢脚步，充分享受生命的过程，才能让心灵源源不断地被美丽所滋养。

“慢”步人生，并不等于散漫或消极，而是一种科学、乐观、进取的人生态度。我们无法让当今的世界慢下来，但却至少可以让自己行走的脚步慢一些，在快节奏的生活中找到一种可贵的快慢平衡，找到适合每一个人自身的节奏。

“慢”步人生，也不是懒惰和推诿，不是观望和游戏，更不是绝望地放弃自我，而是以一种更坚韧的姿态脚踏实地地前行，锲而不舍地创造。放慢脚步，就是让自己驻足在一个没有过去、没有将来，只有现在的地方。当我们停止疲于奔命的时候，就会发现生活中原来还有那么多从未注意过的美。

林语堂在《人生的盛宴》一书中对慢的真谛有过详细的阐释，他写道：“能闲世人之所以忙者，方能忙世人之多闲。人莫乐于闲，非无所事事之谓也。闲则能读书，闲则能游名胜，闲则能交益友，闲则能饮酒，闲则能著书。天下之乐，孰大于是？”这里的闲，想来更接近我们所说的慢，是和自己互相协调、融为一体的过程。那种从容和豁达，是了然于胸的沉着和冷静；那种通览全局的视野和平衡生活的能力，更是一种对人生的真正思考。

有人说，城市里没有天堂，天堂都在一望无际的天边，在宁静的村庄，在祥和的小镇，在令人释然的田野中，那里才是人类想象中永恒的幸福世界。然而，我们仍然可以来一次慢体验，拿出一些慢时刻，培养一种慢心境。尝试每天拿出一个小时，放慢自己的生活步伐。同时，当压力剧增时，试着让自己内心保持平稳从容，不要盲目地加速，不要一味地赶超。

诺贝尔文学奖得主鲁德亚德·吉卜林在送给即将前去参军的儿子的诗歌《如果》里写道："如果在众人六神无主时，你能镇定自若而不人云亦云，这并不是件容易做到的事情，但慢下来并不意味着你在偷懒。"这也是一种心性的磨炼。

还有，我们可以起个早去拥抱清晨，给天空加满油，给阳光买杯咖啡，去看场早上八点的电影；让时间如流水般柔软，不再时时刻刻都有棱有角，游刃有余地穿梭其中，和途中的每一片花瓣一样，充分享受阳光雨露，一步一步去丈量脚下的路。或许，那也是一种天堂，一个世界。

※ 生活当如夏日流水般地前进

两个好友见面，咖啡香溢，蓝调悠长。木兰和苏瑾，大学时的闺密了。

刚一落座，木兰便脱口而出：“我宁可下班后在公司待的时间晚一些坐末班车回家，也不愿意自己开车。”

话音未落，苏瑾左边的嘴角照例向上扬了扬，嗔笑道：“你还是那么文艺，或者干脆说矫情。让你天天挤公交车，你就不这么叫唤了。”

木兰也照例不服气，乜斜了一眼，好似“切”的一声。

矫情就矫情一回吧，就算被说成这样，可谁又能代替我的真实感受呢？木兰想。每天自己开车，身陷在庞大的“露天停车场”的车阵里，一边时时刻刻盯着表计算着迟到时间，一边“远看二百近看二十”地盯着旁边的车，别剐了蹭了——那叫一个焦躁和紧张。

就像木兰喜欢的作家王朔所说的一句话，北京人开车爱“编筐”，见缝就钻、左冲右突，一定要把别人甩在后面才算完事。

“编筐”，多么形象，左赶右挤，密不透风。

如今，“北上广”等大城市的私家车越来越多，生活在其中的人们必须要身体和头脑都在路上，时刻保持高度集中的注意力，紧张地陷在车阵里，满眼所见全是各色车等。除了车，还有高耸入云的摩天大厦，仿佛就要向你倾轧过来。

木兰深深吸了一口气，缓缓呼出：多累！她想起一位美国朋友聊天时告诉她："我绝对不敢在北京开车，北京司机的水平可以说是全世界最高的。在美国、欧洲的路上，基本上很少有超车、变道的车辆，都按部就班一辆跟着一辆往前走。"

所以，木兰喜欢偶尔放纵自己过一下慢生活，本来可以打车的时候，她却从来都是一等再等公交的末班车。她在微信朋友圈中说："我就是不想快，想慢。"

底下有朋友评论说，过去用"挤成相片"的说法来形容公交车拥挤，最近他觉得可以用"挤得手机狂响"来震撼了：有一次，朋友接到同事六七个电话。第一次来电时他还纳闷：刚通完电话，还有什么事？接听键按下，一片嘈杂，没有对话。接下来，朋友的手机接二连三地响起，一看都是那位同事的来电。这时他才明白，对方肯定也是在公交车上，被挤得七荤八素。因为上车前他们刚通过电话，他的号码在同事的通话名单中是第一位。所以，被挤得按下了通话键，而对方自己一点也不知道。

智能、移动、大数据……技术的发展正在释放前所未有的能量，也带来各方面日新月异的变化。就好比一辆不断加速行驶的列车，你必须调整自己的节奏紧跟它，否则就会被无情地甩下。为了生活，我们都在马不停蹄地奔波，即使在休息的时候，也会不由自主忧心忡忡地回到工作时的忙碌状态。我们都以为，快一点儿就能让生活变得更好，可约翰·列侬却说："当我们正在为生活疲于奔命的时候，生活已经离我们而去。"

科技业的通宵达旦，媒体圈的专栏文章，娱乐明星的通告采访……各行各业都“要人命”的节奏，让我们还能找到生活的本来面目吗？你有多久没有注意过这个城市迷离而又璀璨的灯火映在车窗上的夜景了？你有多久没有就着夜色阑珊的灯火，在空荡的公共汽车上摇摇晃晃，心旌摇荡、心驰神往地想着山高水远、不可名状的梦了？你有多久没有观察过路边的暧昧情侣、值班的街道大妈、清扫的环卫工人、收摊的老夫老妻，他们的举手投足和神色表情了？在这种慢节奏的摇晃中，看见的是流香四溢的生活，看见的是与我们一样的普通人的真实细节。而这些，又在当今怎样的频率中被一晃而过？

人生，常被比喻成一场马拉松，有经验的人都知道，起初跑得太快并不见得是件好事，因为没有足够的耐力撑到最后。其实马拉松的意义并不在于用了多少时间跑了多少公里，获得了怎样的名次，而是过程的坚持和自我的挑战。正如村上春树所说：“终点线只是一个记号而已，其实并没有什么意义，关键是这一路你是如何跑的。”人生也是如此，慢慢跑，才能坚持更久，才能欣赏沿途更多的风景。

这一年的冬季，北方冰城连日暴雪，导致交通状况极为糟糕：打车难、公交慢，出行成为当地人们面临的最严峻的问题，尤其是对于那些往日里要挤早高峰的上班族。但没想到的是，一场暴雪，却也一时间改变了这个城市的面貌，催生出城市的另一景——“步行族”。每天早晨，在冰城的山路上，上班的人群排成一列或两列，以队列形式向前走，每个人都沿着前边人踩下的脚印前行，相邻的人不时还攀谈几句，气氛颇为热闹。“步行族”都有一个深切的体会，那就是生活节奏变慢了，与陌生人关系拉近了，有一种久违的亲切之感。

纷乱的都市中，满眼充斥的都是川流不息的人流，满耳所闻的都是喧嚣和嘈杂。人们都在为这些身外之物疾步飞奔，表情变得愈发凝固，神经变得愈发僵硬。没有清风过耳，没有溪流潺潺，没有鸟语花香，没有蓝天白云。一切都那么陌生、孤单而无助，人们用忙碌包裹着一个个灵魂出窍的躯体。

如果幸福只是一瞬间的绽放，而后的长久岁月只能用来凭吊，那么这样的人生又有什么质量呢？三毛曾说："生活，是一种缓缓如夏日流水般的前进，我们不要焦急，我们三十岁的时候不应该去急五十岁的事情，我们生的时候，不必去期望死的来临，这一切，总会来的。"多数人的一生，不长却也不短，慢下来，别着急，不会影响你的事业和生活。反而，这是一种心境和体验，是一种随性、细致、从容应对世界的方式。

不要等到孤单的时候才想起朋友，不要等到爱已逝去的"后来"才学会付出，不要等到失败了才记起他人的忠告，不要等到无力前行了才意识到生命的脆弱。慢慢积蓄，慢慢释放，真正沉浸到生活中去，一丝一缕地去体味"如同中药和老汤，一个时辰一个时辰熬出来"之后沉淀析出的厚实。想来，一个人最好的状态应该是身体和灵魂达到了共振。因为，生活更美好的可能性，就在于缓缓经历的一步步、默默感知的一天天。

※寻找一种最适合自己的速度

哈佛大学最受欢迎的公开课上，教授给出一个公式：幸福=成就/期望。显而易见，商值变大的方法无非两种：作为分子的“成就”变大，或者使作为分母的“期望”变小。

比如，当考试取得好成绩时，工作得到升职时，收到心仪的礼物时，品尝绝世美味时，我们都会感到幸福，因为这时我们的大脑会分泌一种叫作多巴胺的激素。作为一种当我们取得某种“成就”或得到某种“拥有”时分泌的激素，多巴胺能够使人感到兴奋和快乐，它是幸福公式中，分子变大时出现的一种激素。

过去，我们一直都在过着“多巴胺式人生”（dopamine-driven-life），即追求把成就当成基准的幸福。新中国成立之初，在满目疮痍、一无所有的情况下，想要跟上发达国家的步伐，几乎处处都是“赶英超美”“努力奋斗”“创造机会”“夺取胜利”的标语。后来，改革开放了，为了在竞争中突出，为了比别人“进步”更快，为了比别人赚更多的钱，所有人都马不停蹄，一心朝着前方奔跑。

就这样，人们甚至习惯了在现实生活中不断去设置一个又一个的期望“高地”，然后一个又一个地让自己去攻克、去占领，以为这样便可以获得更高的幸福数值。殊不知，期望值这个底盘越大，幸福感的塔顶便越尖细。君不见，满城尽带“黄金甲”：不满足于“蜗居”的现状，在寸土寸金的房地产时代为了一套宽敞豪华的寓所而变身“房奴”；不满于身边那个贤妻良母，非要在大千世界里再苦苦追求一个激情红颜；孩子小升初，区重点不行，宁可交几万元赞助费挤进市重点，只为了孩子日后能有出息；努力工作以争取更高的社会地位和金钱，这样才能买得起高档商品，穿得了名贵皮革，跟得上流行大潮，永不落伍……如此种种。

就在脚步越来越快的同时，呼吸也越来越短促，以为忍一忍过了瓶颈期就会一劳永逸了。然而可悲可叹的是，这样的人只看中了多巴胺的正取向，却不知道它还有局限性：面对已经产生过反应的刺激，就很难再分泌出激素了。这也是为什么物质刺激带来的快乐持续不了太久的原因。

其实，我们的大脑里还会分泌另一种激素，叫血清胺。当我们在阵阵松涛中散步的时候，当我们在冬日暖阳下冥想的时候，当我们不计回报帮助别人的时候，一种柔软的幸福感便会油然而生，这就是血清胺的作用。相比取得更大的成就，拥有更多的物质，保持对自己所拥有的满足和感恩的心态，则显得更加重要，这就是血清胺式生活（serotonin-driven-life)。

这样说来，幸福就是多巴胺与血清胺的调和。没有感恩的成就是孤单的，没有成就的感恩是无力的。在对成就的热情和感恩的顺从之间，能把它们调整得有多均衡，我们所感受到的幸福就有多少。

心理学家们对“主观的幸福”的研究已日渐推翻许多人对其所抱有的

神秘性。科学家们提出了许多惊人的新发现，例如：幸福不分性别；幸福不依赖于年龄；财富不能创造幸福。按照美国心理学家米哈利·克塞克的说法，幸福意味着生活在一种“沉醉”的状态中，即完全投入一种活动，无论是工作还是娱乐。

《羊皮卷》中有这样一则小故事，浅显易懂而寓意深刻：

大街上，一个人行色匆匆、急急忙忙地赶路，拉比看见便叫住了他，问：“看你这么急，到底在追赶什么呢？”

“我要赶上生活。”这个人头也不回、气喘吁吁地回答。

拉比摇摇头，叹口气说：“你怎么知道生活就在前面？只顾着拼命往前跑，一心一意想赶上生活，为什么不看看四周，问问自己生活究竟在哪儿呢？或许，它还在后面追赶你呢！我看你不如安静下来，去等待去发现，说不定生活就能与你会合；你现在越跑越快，是在拼命逃离自己的生活啊！”

生活不是一场赛跑，而是一段旅途。我们应该慢慢走，问问自己到底想要什么，当下又在做些什么。有人说，幸福的秘诀，便是寻找到一种最适合自己的速度，不因疾进而不堪重荷，也不因迟缓而空耗生命。走自己的路，看自己的景；超越他人不得意，他人超越不失志。

关于幸福，一位著名的心理学家曾提出这样一些可能达到的方法：

1．慢享当下

尝试拿出一个小时，放慢自己的生活步伐。把孩子的微笑当成阳光，在帮助他人中获得满足，在聆听音乐时沉静内心，与好书里的人物共欢乐。

2．管理时间

一本大约15万字的书一天写完简直就是不可能的，但若每天写1500个字，三个月左右就可以完成。幸福的人确定大的目标，然后落实在每天的行动中。

3．积极情绪

越来越多的证据显示：消极的情绪使人沮丧，积极的情绪催人奋进。想要获得更多幸福，其中必须要做的一件事就是努力丢弃消极情绪。

4．与人为善

友善地与周围人相处，亲切地对待朋友、亲人。能够一下数出5个亲密朋友的人中，有60%的比不能数出任何朋友的更有幸福感。

5．面带微笑

微笑的确能在人们大脑中引起幸福的感觉。实验表明，真正面带微笑的人，他们确实会感到更幸福。

6．告别枯燥

不要无所事事，不要把自己困在电视机前，要沉浸于能运用你的技能、发挥你的潜力的事情中去。

7．户外活动

对于面临同样压力的人，经常在室外锻炼的人所感受到的压力和焦虑，明显好于不在室外活动的人。

8．好好休息

保证充足且高质量的睡眠，同时留出一定时间给自己，往往能让人更加精力充沛。

9．关照心灵

诚然，信仰不可能消除我们所有的悲伤，但它却能引领我们沿着幸福之路前进。对信仰和幸福的关系研究表明，有信仰的人比没有信仰的人更有幸福感。

※ 满水不供家，只求寻常日

大学毕业后，志宏去了离家几百里地的一座城市工作，只有逢年过节才能回一趟家。每次回去，他都尽可能地帮家里多干点活，以尽自己平时未能尽的孝心。

中秋节回家，志宏主动去帮母亲提水。看着母亲脸上露出的欣慰笑容，志宏觉得自己长大了，必须更加努力工作，让母亲过上更好的生活。

两里地外的山上有一口压水井，志宏把水桶放在出水口下，用力按压，出水口的井水喷涌而出。不一会儿，两只水桶里便盛满了清澈的井水。

一路小心翼翼地把水桶挑回了家，母亲从厨房出来，看都没看一眼，便喊着："宏仔，你莫把水装得太满，满水不供家哩！"

志宏想着母亲可能是心疼自己，便满不在意地说："没事，我提得动！"

没想到，当他把两只水桶放到地上的时候才发现，原来满水的木桶现在少了一大截。

母亲这时才说："你看，你装得太满，以为能多打点水回来，但实际早就在路上泼湿了地面。"

志宏没有去理会桶里的水，而是疑惑不解地问："妈，'满水不供家'是什么意思？"

母亲说："水装得太满了，不就泼了吗？做什么事都是这样，不能太过头了。”

满水不供家，说起来更像是人生的道理。行色匆匆中，太多的人似乎只关注还有多少成绩没取得，还有多少工作没完成，还有多少指标没达成，还有多少先进没争取。他们把自己的人生设计得太满，也就有了更多的欲望，从而在愈加急速的赶路中无法停歇。要知道，欲望的产生永远比满足更快，欲望的满足只存在于完成时的那一刻，而后，人们就对它再也没有兴趣了。

中国有句古话：花未全开月半圆。凡事不能过度，正所谓物极必反，水满则溢。一味地追求和索取，实际上看到的只是脚下那一亩三分地，从没有把生命的旅程看得再远一些，最终只会如鸟翼系上了黄金一般，举步艰难。

著名台湾女作家龙应台说过：幸福就是，寻常的日子依旧，寻常的人儿依旧。幸福就是那一刻——每天早晨睁开眼，脑子里划过第一个人的画面，微笑便随之而来；幸福就是那一刻——鬓角斑白、后背微驼的亲人，还能自己走到街角买一锅豆腐脑两个烧饼回头叫你起床；幸福就是那一刻——在晚餐的灯光下，一家人围坐在一张桌子旁，年少的叽叽喳喳谈自己的学校，年老的唠唠叨叨谈自己的义齿；幸福就是那一刻——每次购物时，看到自己心仪的东西后，并没马上把它买下，而是犹豫再三后去买了他（她）需要的；幸福就是那一刻——一个寻常下午，和你同住一个小区的朋友打来电话平淡问道：“我们正要去买菜，要不要帮你带点什么？”

在龙应台的书中，她说：“幸福就是，你仍旧能看见，在长途巴士站的长凳上，一个婴儿抱着母亲丰满的乳房用力吸吮，眼睛闭着，睫毛长长地翘起。两个老人坐在水池边依偎着看金鱼，手牵着手。春天的木棉开出第一朵迫不及待的红花。清晨4点小鸟忍不住开始喧闹，一只鹅在薄冰上滑倒，冬天的阳光照在你微微仰起的脸上。”

这让人忽然想起孔子称赞颜回的话：“贤哉回也！居陋巷，一箪食，一瓢饮，回也不改其乐。”有人说，幸福是有沸点的。一些人100℃还难以沸腾，有了名车想豪宅，有了名牌还要奢侈品；还有一些人，有饭吃，有床睡，无病无痛，一副悠然自得、满足快乐的神情就印在脸上，或许只要30℃，就能让他幸福得芳香四溢。

生活中有很多司空见惯的微琐细节，像一粒粒念珠，串在一起便成了生活的圆。岁月流走了秋冬，又流走了春夏，可总有一些恒久不变的感动：家人、同事、朋友；一声问候、两杯粗茶、三餐淡饭……我们又可曾细细品味？

走在熙熙攘攘的人群中，看着那些脸色凝重、脚步匆匆的人，也许，他们因为过度的操劳而无法舒展自己的愁眉，或是因为生活中遇到的种种不幸而面无表情，但我们是否想过，难道真要等到彻底失去的时候，才空留满腔的悔憾吗？

两年前，网络上流传的一本点击量超过数百万次的日记让人们几乎在一夜之间就知晓了一个名字：于娟。她是复旦大学社会学系优秀青年教师，而那时，她也是一名晚期癌症患者。

“癌症是我人生的分水岭。别人看来我人生尽毁，其实我很奇怪为什么反而癌症这半年，除却病痛，自己居然如此容易快乐。我不是高僧，若不是这病患，自然放不下尘世。这场癌症却让我不得不放下一切。如此一来，索性简单了，索性真的很容易快乐。名利权情，没有一样不辛苦，却没有一样可以带去。”

只是，再怎么样充满才情，再怎么样努力奋斗，也没能拉住死神带走这个女子的脚步。2011年初春，于娟因乳腺癌晚期永远地离开了这个世界，只留下了一本“拿命写就”的书《此生未完成》。“我蛮希望很多人能够看到我的悲剧，然后去更改他们走向悲剧的这样一个方向，重新审视真正的生活是什么。”

蜡烛不能两头点，精力不可过分耗。在这个纷扰繁忙的世界里，做一个不要每天都与时间赛跑的人，不慌不忙，静心养性。留一段时间给自己，整理思绪，阅读学习，愉悦身心。心灯点亮的前提是自身必须要有灯捻，平安喜乐地品尝慢趣，充分感受生命的美好，这才是幸福的节奏。

梭罗曾说：“如果没有出生在世，我就无法听到踩在脚底的雪发出的吱吱声，无法闻到木材燃烧的香味，也无法看到人们眼中爱的光芒……能活在世间，是一件多么幸运的事！我为什么不尽情地享受生活的每一天？”是啊，正所谓一切“平常”都比“非常”要好。生活不需要惊天动地、轰轰烈烈，不需要灯红酒绿、五光十色；只需要寻常人家寻常日，微琐温情真挚爱。

※歇歇吧，脱下美丽的红舞鞋

相传，世上有一双非常漂亮的红舞鞋。穿上它，身体会立刻变得轻盈起来，舞姿也会显得活力四射。只是，漂亮的东西往往都附有一种魔力，这双鞋就是，一旦穿上它，人就会永不停歇地跳舞，直至最后筋疲力尽。

这是个怎样隐喻而又警醒的故事，让人读后唏嘘不已：有个女孩不顾家人的劝告，一心想找到那双红舞鞋穿上它。最终，她悄悄地寻找到了红舞鞋，兴奋地把它穿在了自己脚上。果然，她眼睛发亮，身姿轻盈，好像有舞之不尽的激情与活力。女孩穿着那双红舞鞋，跳过了田野乡村，跳过了街头巷尾，光彩照人的样子，惹得周围人一阵艳羡。

夜幕降临了，女孩累得腿脚发软，她想停下来，可脚却怎么也不听使唤。此时，她才明白众人的用心良苦。可惜，为时已晚。她在黑暗中不停地舞动，泪水滑满了脸庞。

几天后，在一片青青草地上，人们发现了这个女孩，只见她安详地躺在那里，身旁散落着那双永不停歇的红舞鞋。

童话的魅力在于它与现实的关联，生活中，还有多少人在重复着故事中的情景？她们在生活中穿上了那双“红舞鞋”，试图让自己舞动得更加轻盈，让日子变得更加光鲜。只是，穿上了那双鞋后，忙碌的生活就怎么也停不下来了，像是拧紧了发条的机器，无休止地运转着。随着精力和体力的渐渐透支，红舞鞋的主人也不知道自己的目的地在哪儿，究竟什么时候才是个尽头。

约翰·列侬说，当我们正在为生活疲于奔命的时候，生活已经离我们而去。静观反思，生活中有哪一个高速运转的轮胎可以收放自如？有哪一根过紧的琴弦还能演奏无碍而始终不断？有哪一个盛满水的铁锅不是锈迹斑斑？又有哪一个黑白颠倒日夜紧张的人可以健康到老？

有一首歌中唱道：“感觉快乐就忙东忙西，感觉累了就放空自己……”人生旅程中，若一时遭到挫败，感到力不从心的时候，不妨叫一次“暂停”，让自己享受可贵的宁静，整理杂乱的思维，制订全新的计划。这是一种技巧，一种缓冲，在给我们带来休整的同时，也重拾欣赏的眼光，以便更好的启程。相比于漫长的人生，这短时的暂停就是沧海一粟，却可能让我们扭转颓废，重整旗鼓，再度出击。

诚然，我们可以说忙碌有时候的确是一种幸福，只要能清醒地知道忙碌的意义；然而，清闲有时候更是一种境界，只要不会因此而麻木。生活中有太多的波折，当我们遇到瓶颈、踌躇不前时，不用每次都选择“重启”，按下“暂停键”，给自己一段沉淀的时间，也许问题就会迎刃而解。

再见费翔，是2002年夏天，在全国各地热映的电影《画皮2》中。尽管在影片中他扮演的是一个“自毁形象”的恐怖角色，但这却一点也没有阻挡观众对他的喜爱。不过，也许鲜有人知道，在这个已过知天命年纪的男人背后，为何还能由内而外散发着淡定与从容的气质？这要从多年以前，他给自己按下的那个“暂停键”说起。

出生在宝岛台湾的费翔高中毕业后便去了美国念书。由于是中美混血，费翔长着一张俊朗迷人的面孔，加之黑发飘逸、眉目迷人，很快就被演艺界的人看中。1981年，年仅21岁的费翔首次出演戏剧《11个女人》系列之《去年夏天》。1982年，他凭借首张个人专辑《流连》，一举拿下我国台湾地区金唱片奖，成为台湾地区和东南亚的“万人迷”。

1987年，“费翔旋风”在央视春晚后正式登陆大陆，他凭借“一把火”迅速红遍大江南北，势头一发不可收拾。至1990年，他在大陆推出了5张专辑，开了60多场演唱会。

毫无疑问，他的演艺生涯达到了巅峰。不过，他很怕自己“被人气绑架”，也担心“成名后，观众会给你放水”。果然，有时由于奔波劳累，在现场发挥失常，可即使这样，不但没有受到观众的为难，而且只他一出场，台下不管是几百人还是上万人，听到的只有欢呼。歌迷们恨不得把喉咙喊破、巴掌拍烂，谁会在意他偶尔跑调忘词呢？

如此疯狂追捧的背后，费翔感到了强烈的不安，他说，自己的内心是空虚的。而且，这种感觉越来越难以忍受，“我想站得稳稳地面对观众。”

一直以来，费翔心目中也有一个偶像，她就是奥斯卡得主梅丽尔·斯特里普。她一年只拍一部电影，30多年的婚姻生活稳若磐石，从来不让丈夫和4个孩子在公共场合曝光。“她就一直在做她该做的事情，安静生活。每一次面对观众都是拿作品说话。”

在偶像的对比下，费翔越来越觉得自己不能再这么“滥竽充数”下去了，要活出精彩的自己。于是，30岁那年，费翔只身去了纽约，在如日中天时给自己按下了暂停键。

此后将近十年的时间，费翔退出了一线明星的阵营，渐渐淡出了公众视野。但对他而言，纽约的生活才让他重新找到了最适合自己的位置，在普通人的定位下，让工作和生活有了很好的平衡。

1997年，在庆贺香港回归的演出上，一个黑发飘逸的男人出现在人们面前：历经百炼的费翔站在台上，依然是《故乡的云》、《橄榄树》、《冬天里的一把火》，依然是台下喜爱的惊呼，却比十年前多了一些淡定和从容。

“上帝从你那里拿走一些，是为了给你更好的，那份从容自得便是岁月馈赠的。”费翔说，年轻时的焦灼、纠结都被时间冲洗打磨掉了，再不需要证明什么，也没有什么是不能错过、不能失去的。或许，这便是费翔当年按下那个“暂停键”的最大收获吧。

人生就像一场旅行，沿途的风景以及看风景的心情远胜于目的地的到达。在人生的旅途上，别忘了暂时停下来驻足片刻，欣赏一下沿途经过的美丽。生命的美好不在于忙碌后的结果，更多在于实现梦想的过程。在努力打拼的同时，别忘了学会随时暂停，学会享受生活。或许，幸福的生活正在后面奋力追赶着我们，只要暂时停一停，它自然就会与我们会合。

※ 卸下匆匆，享受生活的静美

2013年，台湾乐团苏打绿发行了全新专辑《秋：故事》。在这张专辑里，苏打绿描述的是北京这座城市的印象：这是一个新旧交杂、中西兼并的奇异城市。

今天还看得见的城墙，明日就已成为挖土机下的碎瓦。城市更迭着脚步，却也让人感叹着未拆解的记忆。远古的历史在最新的建筑中渐行渐远，人们在胡同中穿梭，却也在资讯里浮动。在找寻希望的同时，也承受可能失望的风险；在追求瑰丽的路上，也怀念朴实的存在。进步中的价值观，繁华中的桃花源，独处时的渴望又害怕，想念时的佯装又坚强。

这些，也许就是我们现在的城市语言吧！

如今，大部分上班族都过着朝九晚五的生活，这就好比棉花糖，看起来又蓬又大，稍微一张嘴，一大块就没了。如果再赶上个加班或饭局，一天基本上就结束了。人们的生活节奏越来越快，穿梭往来于浮生之中，就像一首流行歌曲中唱的那样，“为了生活，人们四处奔波。”

每个人的心里都藏着一个蠢蠢欲动的小精灵，在某一角落上蹿下跳。“你想体验一下登雪山涉大川闯大漠吗？”、“探寻人类文明之旅，遇见更美好的自己。”偶尔收到几封旅游网站发来的宣传邮件，也就只看个标题就匆匆删除了。其实，即使不能登雪山涉大川闯大漠，也可以找个春暖花开的时候赏花赏月赏秋香；或者，在午后一抹阳光的照耀下，看自己喜欢的书，听自己心仪的音乐，身边还有一只可爱又奇葩的“喵星人”的陪伴，这样的时光不也是好的？

2013年情人节，一对“80后”夫妻经过几天自驾，终于从首都北京到了大理古城。前年刚一入秋，夫妻俩便做出了一个重大决定：放弃在北京的生活，移居大理一年！本想着只是计划一次旅游，却成就了一场梦想照进现实的移居。用妻子的话说，“我们不是去做大事，不是去找商机，只想在一个依山傍水的地方隐居起来；去讨一个清静的日子、一口新鲜的空气、一壶雪水泡的香茶、一顿天然食材的饭菜。”

他们把自己的经历写成文字发在网上，文章中有这样一段话引起了成千上万网友的关注与羡慕：“在大理古城生活是我们一直的梦想。一个依山傍水的小镇，我们两个人，日出而作，日落而息。有纯净的空气、明艳的阳光、通透的天空、天然的水质，可以酿酒腌菜，困了就睡，闲了就喝茶读书，还有一条乖乖的大狗相伴。每天都去逛菜场，亲手做菜，研究不同的菜式……每一天，在喜欢的地方，重复做着喜欢的事情。这次，我们幸运地能在天时地利人和时，果断决定去过梦想已久的生活。”

他们说：“我们俩，不远千里，翻山越岭，不是去做大事，不是去挣大钱。我们的2013年，不要繁花似锦，只要健康、简单、快乐。”

在一个安静而有故事的城市，远离喧嚣，远离污染，与相爱之人种种菜、栽栽花、养养狗，这样平静闲逸的生活，谁不想呢？可是，又不是谁都可以做到的。说到底，还是放不下，停不住，舍不掉。其实，只要想清楚要过怎样的生活，这些并不需要特别的勇气。对未知世界的惶恐和担心可能每个人都会有，但那些懂得忙里偷闲的人更惧怕的，是一年如一日的麻木生活和年老后的追悔莫及。

佛家有句禅语说，智慧不一定就在前面，说不定就在身后，只要放松身心，随着自然的节拍，也能得到智慧。往往，人们只要一起步就停不下来，不懂得暂时的休息，不懂得体验生活的真正意义。其实也许就在回头的一瞬间，就发现了美的形象，乐的细节。

菜根谭中说："天地寂然不动，而气机无息稍停；日月昼夜奔驰，而贞明万古不易；故君子闲时要有吃紧的心思，忙处要有悠闲的趣味。"这就是教导人们，最好的生活应该是充满弹性的。

美国著名心理咨询专家理查德·卡尔森在他的《让事情更简单》一书中建议：每天度个"迷你假"："在上班时给自己一个短暂休憩的机会，不论你在这个'迷你假期'做些什么，都会对你大有益处的。那是你的特殊时间，如果可能的话，请让它变成生活中不可或缺的一种习惯。你或许想找朋友喝杯咖啡、吃顿午餐，清晨一起去散步，或一个人上网、跑步、看日出、遛狗、静坐冥想等，只要做任何能使你放松的事情即可。'迷你假期'不仅能帮你减压，还是调整身心的重要枢纽。"

放松不是放任，也不是放弃。放得下，撇得开，不苛求，不激进，反倒会让人多几分清醒、镇静和自信。无论是想踮着脚尖在木地板上舞蹈，还是想坐在敞开玻璃、风吹窗帘的窗台上看一下午的书，抑或是骑着脚踏车、载着暖日和风去郊游，只要卸下一些"匆匆"，都可以。

人生不是赛跑，在这程旅行中，每一步都有值得驻足欣赏的风景。"采菊东篱下，悠然见南山"是一种恬静和怡然；"山重水复疑无路，柳暗花明又一村”是一种惊奇和喜悦；“在天愿做比翼鸟，在地愿为连理枝”是一种温馨与甜蜜；“有酒学仙，无酒学佛”是一种淡然和随意。

“人生正自无闲暇，忙里偷闲得几回？”这是告诉我们，要学会在忙碌中偷闲，要懂得在匆匆中暂停。忙里偷闲既符合张弛之道，也符合自然规律。自然界都有忙闲的规律，春夏生机勃发，万物生长，到处燕舞蝶飞；秋冬收敛萧索，万物沉寂，处于休眠状态。人类本身也是自然的一部分，应该在生命的里程中寻找生活中的情趣，享受生命中的静美。

※ 是时候让心灵靠岸了

你相信吗，一群海鸟会因为找不到“彼岸”，宁可死而不愿飞？是的，这是被科学家证实了的：在茫茫无野的大西洋海域，时而能看到一个庞大的鸟群在浩瀚无限的海面上空久久地盘旋，并不断发出震耳欲聋的鸣叫。更令人惊异的是，许多鸟在盘旋许久后，义无反顾地向茫茫海底冲去，不断激起了海面上的阵阵浪花。

这种现象被鸟类学家所关注，经过长期研究后发现，来自不同方向的候鸟，会在大西洋中的某一点汇合。就在海鸟葬身的地方，几百年前曾经是个小岛。对于来自世界各地的候鸟们来说，这个小岛是它们迁徙途中的一个落脚点，一个在浩瀚大海中不可缺少的“彼岸”。在它们极度疲倦的时候，可以在此栖息。

后来，在一次地震中，这个无名的小岛沉入大海，永远地消失了。

可是，对于迁徙途中的候鸟们来说，它们并不知道那个被淹没了的“岸”已经没有了，仍然一如既往地飞到这里，希望稍作休整，摆脱长途跋涉带来的疲惫，积蓄一下力量，从而开始新的征程。

可叹的是，茫茫大海上再也没有那个能给予候鸟希望的小岛。早已筋疲力尽的鸟儿们只能无奈地在“彼岸”上空盘旋、鸣叫，盼望着奇迹的出现。当它们把最后一次气力也耗尽的时候，彻底绝望的候鸟只能将自己的身躯化为汪洋大海中的点点白浪。

这是自然界的悲壮，那么，同属于自然界生命中的人类呢？追古溯源，可看《诗经》。《诗·卫风·氓》中有言：“淇则有岸，隰则有泮。”这句话是说，淇水再宽总有个岸，湿地再广也有个边。那么，人们的心灵呢?

在紧张忙碌的生活中，在人生漫长的“迁徙”旅途中，每个人都有身心疲惫的时候，都需要有一个可以休养生息的地方。前行的脚步走累了，不妨让自己停一停，喘上一口气稍事休整，让心灵有个落脚的岸。不要像那些海鸟一样，非要等到自己筋疲力尽却找不到落脚地的时候，才意识到“彼岸”已经远去。那时，无论怎样后悔也都晚了，只能将自己的生命一头栽进物欲横流的海潮之中。

人生不是一桩紧急事故，根本没必要事事都严阵以待，更没有必要拼命地把它当成紧急事故去处理，求得一个结果。著名作家史铁生说过：“目的皆是虚无，人生只有一个实在的过程，只有重视了切切实实的过程，生命才能更为厚重，也不至于整天被目的的痛苦所束缚。”

在追求美好生活的道路上，奋斗是理所应当，而节奏和心态的调整更是不可或缺。周围的大环境越是紧张忙碌，就越需要一种定力，越应该学习怎样去放慢脚步，放松心灵。这就是现代社会中新近兴起的“慢生活”，是对健康、对生活珍视的一种理念。

这里的“慢”，并非速度上的绝对慢，而是一种意境，一种回归自然、轻松和谐的意境。放慢速度也不等于拖延时间，它只是要我们在生活中寻找到一个平衡点，享受人生的美好，享受树木、花朵、云霞、溪流、瀑布以及大自然的形形色色，享受艺术、旅行、读书等精神上的补给。就连诺贝尔文学奖获得者米兰·昆德拉都曾经疑问：“慢的乐趣怎么失传了呢？”他感慨道：“古时候闲荡的人到哪里去啦？民歌小调中游手好闲的英雄，漫游各地磨坊、在露天过夜的流浪汉，都到哪里去啦？他们随着乡间小道、草原、林间空地和大自然一起消失了吗？”从这些话语中，我们感受到了田园风光的秀美，也悟出了大自然对悠闲生活的重要。

如今，“慢生活运动”早已从欧洲席卷全球，渗透到人们生活中的方方面面，慢食、慢读、慢爱、慢设计、慢运动……无处不在地提醒人们放缓脚步，享受人生。就像一首《慢慢快乐》的歌中所唱：“衣裳靓彩 角色光彩 活出我精彩 / 是非黑白 不再辩白 我自己明白 /有时勤快 有时倦怠 有时爱发呆 / 心有澎湃 心有阴霾 心里有花开 / 我懂得若有期待 先要学会去等待 / 我懂忙碌以后总会有一些 心的空白 / 让所有未知的 慢慢去 慢慢来 / 让我和我的心 慢慢等 慢慢爱 / 让人们好奇的 慢慢想 慢慢猜 / 让所有结局都留给未来/让曾经错过的 慢慢去 慢慢来 / 让我和我的爱 慢慢等 慢慢爱 / 让意料之外的 慢慢想 慢慢猜 / 让我能心安理得比别人 慢半拍”。

在歌手梁咏琪的博客中，曾看到这样一段话：“生命就好像坐地铁，我会享受过程，也许本来要到一个站，还没到呢，突然想下车便下车。我乘飞机也总是很开心，即使很长路途，也不急于下飞机，我会沿途欣赏，结局也好，终点也好，反正都不急于知道。”她是一个懂得如何优雅舒适的慢生活的女人，这样从容的心态使她有更多的时间去细细品味生活。你我也一样，以出世之心，做入世之事。哪怕任由思绪的音符在心底荡起团团柔和的涟漪，亦是一种卸载与放松。

比如，选择一些能引领你体验一种情感并带来心理安慰的音乐，全神贯注地倾听，让自己沉浸于怀旧温暖的感受中，释放身心。或者，尝试去做瑜伽、慢跑和伸展运动，不断收紧和放松你身体上的肌肉，直到感觉轻松。又如，哪怕你什么都不做，就那么静静地坐上几分钟，同时平缓地呼吸，在气完全吸入和呼出时暂停片刻，以收束即将发散的心神。

总而言之，只要我们能秉持一颗顺其自然的心，屏蔽外在的嘈杂和喧嚣，远离利益的对比和争夺，便不会让心灵长途跋涉后找不到归去的“彼岸”。你我皆凡人，平凡人之平常心，事来就应，事走就松。正所谓闲看庭前花开花落，遥望天外云卷云舒。行走在路上的你，是时候该给自己的心灵找一个彼岸歇歇脚，且行且歌，其乐融融。

※ 享受生活，随时可以开始

“让我和草木为友，和土壤相亲，我便已觉得心满意足。我的灵魂很舒服地在泥土里蠕动，觉得很快乐。当一个人悠闲陶醉于土地上时，他的心灵似乎那么轻松，好像是在天堂一般。事实上，他那六尺之躯，何尝离开土壤一寸一分呢？”

这段令人心驰神往的描述来自一本书《生活的艺术》，它的作者便是中国当代著名学者林语堂先生。被誉为中国古典文化最佳传承者之一的林语堂，一生崇尚“自由和淡泊”以及“智慧而快乐的生活哲学”。大自然中的草木和土壤，已然是他生活中不可分割的一部分。

当初林语堂写这本书，目的是想把闲适的东方哲学介绍给当时忙碌的西方人，希望他们能从快速发展的社会中解脱出来。然而，短短几十年，情形发生了翻天覆地的变化。西方人跳出了快生活的桎梏，而中国人却开始为了账单、房子而忙碌。过快的发展节奏让城市中充满泡沫，人们忽略了许多生活本初的体验。

毕淑敏在一篇《女人什么时候开始享受》的文章中写道：“我们所说的享受，不是一掷千金的挥霍，不是灯红酒绿的奢侈，不是喝三吆四的排场，不是颐指气使的骄横……我们所说的享受，不是珠光宝气的华贵，不是绫罗绸缎的柔美，不是周游列国的潇洒，不是管弦丝竹的飘逸。我们所说的享受，只不过是在厨房里，单独为自己做一样爱吃的菜。在商场里，专门为自己买一件心爱的礼物。在公园里，和儿时的好朋友无拘无束地聊聊天，不用频频看表，顾及家人的晚饭和晾出去还未收回的衣衫。在剧院里，看一出自己喜欢的喜剧或电影，不必惦念任何人的阴晴冷暖。”

当年上海滩著名才女张爱玲，就是一个懂得享受生活的女子。据说，她的第一笔稿费并没有去买书、买笔，而是被她换成了一管名牌口红。当时很多上海人都很喜爱她的才华，劝她要开源节流，而这必定会遭到她的嘲笑。她坚持认为，不深入生活去体验去享受，怎能读懂生活中的百味杂陈？

其实，何止是女人，我们所说的享受，只是那些属于正常人最基本的生活乐趣。它没有什么固定的模式，没有什么教条的规矩；它只是一种发现生活、热爱生活的心态，是以正确的方式去创造生活，改善生活，而并非用所有的时间和金钱去奢侈地消耗生活。

请发挥你的想象，来猜测一下一位几乎失明的女人，她的生活该是什么样的？脏乱邋遢、一团乱麻？看看包希尔·戴尔的故事，你就会明白，懂得享受生活，的确是一门艺术：

包希尔·戴尔的眼睛处在几近失明的状态很久了。当她还是一个小女孩的时候，小伙伴们经常在一起玩踢石子的游戏，这让包希尔·戴尔心里异常兴奋，她是多么想加入到她们的队伍中去。但是，她的眼睛却看不到地上所画的标记，连一个小小游戏的乐趣都无法享受到。她不甘心，等到其他小伙伴都回家后，包希尔·戴尔趴在她们玩耍的场地上，把眼睛贴在地上所画的标记上，一点一点仔细看清，并把场地上所有相关的事物都默记在心。之后不久，她就变成了踢石子游戏的高手。

到了上学的年龄，又是因为她的眼睛，没有一所学校愿意接受这样一个学生在课堂上读书。只得待在家里的包希尔·戴尔还是不甘心，她要自己在家里读书。首先，她先将书本拿去放大影印，然后用手将它们拿到眼睛前面，几乎是贴着眼睛的距离，以致她的睫毛都碰到了书本。就是在这种情况下，包希尔·戴尔获得了明尼苏达大学的美术学士和哥伦比亚大学的美术硕士。

1943年，已经五十多岁的包希尔·戴尔经历了她一生中最重要的转折——一家眼科诊所为她做了一次眼部手术，使得她能够看到比原先远40倍的距离。从那以后，包希尔·戴尔看到了这个世界上更多的“景象”：当她在厨房做事的时候，她发现即使在洗碗槽内清洗碗碟，也会有令人心情激荡的情景出现。她在自己所写的书《我要看》中说：“当我在洗碗的时候，我一面洗一面玩弄着白色绒毛似的肥皂水，我用手在里面搅动，然后用手捧起了一堆细小的肥皂泡泡，把它们拿得高高地对着光看，在那些小小的泡泡里面，我看到了鲜艳夺目好似彩虹般的光彩。”

然后，她的视线上移，从洗碗槽上方的窗户向外望去，她看到一群灰黑色的麻雀在下着大雪的空中飞翔。那一刻，她发现自己在观赏肥皂泡与麻雀时的心情，是那么的愉快和忘我。在书的结语中，包希尔·戴尔写道：“我轻声地对自己说，亲爱的上帝，我们的天父，感谢你，非常非常感谢你！”

看到包希尔·戴尔的故事，还在抱怨“没时间和资本享受生活”的人们是否有所感悟？用包希尔·戴尔自己的话说，她相信所谓的命运，但是她更相信快乐，因为她自己就是一个在厨房的洗碗槽里也能寻求到快乐的人。

美丽无大小，只要用心体会，就会发现生活中许多有意思的事情。不要再觉得快节奏的生活是不可能有享受的条件。再怎样忙碌，也可以在早晨临出门前喝上一杯柠檬水，在地铁里听一曲中意的音乐。伸出双手做成方块状，透过它望着天空，让温暖的阳光照在身上。就像有一篇小散文中所写："闲暇时刻，品一杯柔滑香醇的卡布奇诺，或赏一本慰人心灵的好书，或吃一块我最爱的细腻浓郁的黑森林蛋糕，都是一种享受。我只留美味在口，只留开心在心，只留幸福在手，一切的一切，我只留美好。"

品味生活，就像在一粒粒数着用细节穿成的念珠。每天匆匆而来，匆匆归去，匆匆吃饭，匆匆赶路；早上看太阳从东方升起，傍晚又目送夕阳从西方落下。然而，痛苦时朋友的关心，失意时亲人的鼓励，困境前的勇敢，危急时的清醒，以及绝望中的坚守，这所有一点一滴的细节，我们可曾体会得到？

品味生活，就像在慢饮那碗清茶，第一道味苦难咽，第二道鲜甜润心，第三道回味悠长。莫叹人走茶凉，莫悲茶尽杯空，茶暖茶凉，茶盈茶空，都是人生味。浮生若茶分三味，有苦有甜也回味。完美也好，失望也罢，走过人生之旅，享受一路上的花花草草、山川河流，享受咸淡时的一杯清茶，热烈时的一个拥抱，过程也美，享受也甜。

第2章

千万次跌倒受伤，才能真的成长

柴静采访过的一位台湾老兵说过一句话：“没有在深夜痛哭过的人，不足以谈人生。”越往后活就会越明白，人生有时候就是一个不停面对不堪的过程，没有愿意或不愿意，只有在阳光下微笑或是在黑夜里哭泣的区别。我们能做的只是沉默地等这一阵过去，相信这一夜的痛哭过后，还有新的晨曦。生命是项冠冕加之于你头上，其上镶嵌的宝石既可以用光芒给你尊严，又生出荆棘来将你刺痛。

※ 流过泪的眼睛会更明亮

“钟声响起归家的讯号 / 在他生命里 / 仿佛带点欷歔 / 黑色肌肤给他的意义 / 是一生奉献 肤色斗争中 / 年月把拥有变做失去 /疲倦的双眼带着期望 / 今天只有残留的躯壳 / 迎接光辉岁月 / 风雨中抱紧自由 / 一生经过彷徨的挣扎 / 自信可改变未来 /问谁又能做到……”

BEYOND乐队创作的这首《光辉岁月》，多少年来，每当旋律响起，都会激起人们心中的激动和荣耀。1990年8月，黄家驹从非洲回到香港后，创作了这首歌曲，并把它献给了一位“世界级的偶像”——南非前总统，纳尔逊·罗利赫拉赫拉·曼德拉。后来，当曼德拉听到这首歌，明白歌词的含义后，这位世纪老人不禁潸然泪下。

2009年11月11日，第64届联合国代表大会通过决议，将每年的7月18日，即曼德拉的生日定为“曼德拉国际日”，并号召世界各国在这一天为社区服务68分钟，以纪念曼德拉从政68年“为和平及自由所作出的贡献”。

那么，曼德拉究竟是怎样一个人？他如何赢得了世人如此的尊敬？在这些荣誉背后，曼德拉又经历了怎样的痛楚？

1918年7月18日，曼德拉出生在南非特兰斯凯一个部落酋长家庭。作为家中长子、酋长继承人的他从小就心怀理想，他不愿以酋长身份统治一个受压迫的民族，而要“以一个战士的名义投身于民族解放事业”。

1925年，曼德拉成为他们家族中唯一上过学的成员，曾先后就读于黑尔堡学院、威特沃斯特兰德大学，1942年获法学学士学位。从1948年开始，曼德拉就积极投身政治运动，反对执政的南非国民党推行的种族隔离政策，后被南非政府以“煽动”罪和“非法越境”罪判处5年监禁，又在两年后的1962年8月，以“企图以暴力推翻政府”罪判处他终身监禁。自此，曼德拉开始了他长达27年的“监狱生涯”。

在这漫长的关押期间，曼德拉受到了非人的折磨。在比勒陀利亚地方监狱中，曼德拉不仅被单独关押，不能与人交流，而且关押室中甚至没有自然光线，更没有任何书写物品。在罗本岛，关押曼德拉的狱室只有4.5平方米，除了基本的生理需要外，他不能参加一切当时岛上囚徒自发组织的活动，甚至连足球都不能看。

就是在这样的环境中，曼德拉的意志也没被击倒。服刑期间，曼德拉一直通过在牢房里跑步和做俯卧撑来锻炼身体。在罗本岛时，他还时常作画，画一些铁栏杆外的风景。1982年被转到开普敦的波尔斯摩尔监狱后，他迫使狱方给他开辟了一片小菜园，并且亲自种了近900株植物。正是这种乐观、积极、坚强的精神让他笑到了最后，赢来了辉煌。

1990年2月11日，南非政府迫于国际政治压力释放了曼德拉。他随即前往约堡的索维托足球场，面向12万人发表了著名的“出狱演说”，他说：“当我走出囚室，迈向通往自由的监狱大门时，我已经清楚，自己若不能把痛苦与怨恨留在身后，那么其实我仍在狱中。”

曼德拉的伟大不仅在于他矢志废除种族歧视，更重要的是，他用他的善良与宽恕，烛照了这个世界的精神天空：获释后的曼德拉以他的智慧和宽容放弃了当时一度喧嚣尘上的暴力推翻白人政权的计划，而是致力于以和平方式结束种族隔离政策，并积极推动建立新南非民主政权。1993年10月15日，挪威诺贝尔委员会将当年的诺贝尔和平奖授予了曼德拉和时任南非总统德克勒克，以表彰他在化解南非不同族群的仇恨，以及推动南非民主进程方面所作出的贡献。

1994年5月9日，在南非首次不分种族大选结果揭晓后，曼德拉成为南非历史上首位黑人总统，至1999年6月正式去职。卸任后的曼德拉仍然致力于世界和平与人类尊严，他大力兴办学校，为南非防治艾滋病投入了大量精力。

有一次人们曾问曼德拉，希望世人如何纪念自己。他回答说：“我希望我的墓碑上能写上这样的一句话：‘埋葬在这里的是已经尽了自己职责的人’。除此之外，我别无他求。”

从囚犯到总统，再到世界级的偶像，曼德拉谱写了一段特殊的传奇。经历过太多苦痛与折磨的他，没有因为任何原因而改变乐观、宽容、坚定、幽默、平和的高贵品质。他没有因为种族主义政权的迫害而走向极端、施展报复，而是极力斡旋、促进和解；没有因为长期非人的囚徒生涯而失去理智、放弃希望，而是积极锻炼身体，等待胜利的到来；没有在声望高涨时贪恋权位、中饱私囊，而是在一届总统任满后立即退位；没有在退休后坐享功名，而是积极奔走，为慈善事业继续贡献心力。正是这位老人的每一次出现，给这个世界带来了力量，让人们感受到了信仰的坚毅：“生命中最伟大的光辉，不在于永不坠落，而是坠落后总能再度升起。”

不合理的打击、困厄的遭遇，都是上天锻炼优秀人才时所使用的打铁锤。铁锤凿凿，若能经得起种种磨难而未被打压下去，必能昂起头来去担负人生中的各种挑战。磨难如风，它可以是浪的帮凶，把被打趴下的弱者埋藏到大海深处；也可以是帆的伙伴，把敢于抬头的勇者推向成功的彼岸。

19世纪英国诗人威廉·亨利写过一首诗，名叫《不可征服》。谨以此向这位“世界上最接近圣人”的老人致敬，也向他无私奉献、坚定宽容的品质学习：

“透过覆盖我的黑夜，我看见层层无底的黑暗。感谢上帝曾赐我，不可征服的灵魂。就算被地狱紧紧攫住，我不会畏缩，也不惊叫。经受过一浪又一浪的打击，我满头鲜血不低头。在这满是愤怒和眼泪的世界之外，恐怖的阴影在游荡，还有，未来的威胁，可是我毫不畏惧。无论我将穿过的那扇门有多窄，无论我将肩承怎样的责罚。我是命运的主宰，我是灵魂的统帅。”

※ 面对与承受，才是大写的人生

有一种香料，不仅是世界上留香最持久的，且极其稀有，故又被称为“灰色的金子”，它就是龙涎香。因世界上任何一种香料都不能与之相媲美，而素有“龙涎之香与日月共存”的说法。

关于它的来源，有过无数的猜测和传说，也成就了它的神秘感。可是谁也没有想到，贵如黄金的龙涎香，竟是某海洋生物与痛苦对抗的产物。

一位海洋学家经过调查研究后发现，海洋中有一种形体巨大的生物，叫作抹香鲸，它可以潜到千米深海之下，吞食体型巨大的乌贼、章鱼等。但是这些动物身体上坚硬、锐利的角质和软骨却很难被抹香鲸消化，每次吞食后，抹香鲸都因肠胃饱受折磨却不能将之排出体外而痛苦异常。在痛苦的刺激下，抹香鲸只好通过消化道产生一些特殊的分泌物，来包裹住那些尖锐之物，以缓解伤口疼痛。

每隔一段时间，难耐痛苦的抹香鲸就要把这些分泌物包块排出体外。随着海水的流动，这些包块漂浮到海面上，经过风吹日晒、海水浸泡后，便成为现在人们所见的名贵的龙涎香。

不要拒绝痛苦的磨难，有时，往往是与痛苦对抗的过程，才让我们的人生修炼到了龙涎香的境界。

周国平在《直面苦难》一文中说：“我的智慧把痛苦当作爱的必然结

果加以接受，化为生命的财富。”对于苦难的选择和接受，他有这样的辨证之感：“我无意颂扬苦难。如果允许选择，我宁要平安的生活，得以自由自在地创造和享受。但是，我相信苦难的确是人生的必含内容，一旦遭遇，它也的确提供了一种机会。人性的某些特质，唯有借此机会才能得到考验和提高。一个人通过承受苦难而获得的精神价值是一笔特殊的财富，由于它来之不易，就绝不会轻易丧失。而且我相信，当他带着这笔财富继续生活时，他的创造和体验都会有一种更加深刻的底蕴。”文章最后，只引用了这样一句话让人回味：“愿意的人，命运领着走；不愿意的人，命运拖着走。”

的确，人需要经历痛苦与折磨才能真正成熟起来；只有超越了痛苦，才能成就更好的自己。关于生理上的缺陷，关于生命和死亡，关于希望、失望和绝望，我们都可以认为是痛苦；但同时，我们可以选择憔悴或者鲜活，可以选择留下或者走开。如同凤凰涅槃，经历烈火的煎熬和痛苦的考验，才能获得重生，并在重生中达到升华。

20世纪70年代，国外一家研究机构曾对1000名下半身麻痹的残疾人和1000名正常人的“快乐指数”与“痛苦指数”进行了一次调查。结果令人大吃一惊：1000名残疾者的“快乐指数”竟比正常人高出15个百分点，而“痛苦指数”却比正常人低了8个百分点。直至今天，这样的现象依然存在：

郭艳红，一位年仅18岁的中国女孩，看起来和周围的少男少女没什么不同，但是身后却有着不同的人生故事。

艳红4岁时，一场车祸夺去了她的双腿。祖辈生活在山区村子里的郭家，面对这种情况，没有多余的钱给孩子治疗，只能勉强凑合让她活下去。从此以后，艳红就用爸爸给她特制的“双手”行走，而用半个篮球来稳住身体。因此，她被当地人称为“篮球女孩”。

幸运的是，在各界好心人和专业医疗机构的帮助下，艳红在10岁时免费装上了义肢。不久后，她还得到了一个新机会：参加全国第一个残障人游泳俱乐部。

然而，这难得机会对于艳红来讲，却绝非易事。“我得比其他孩子付出更多，”艳红事后对朋友说，“我根本就没法在水里浮起来，总是呛水。”

但是，她最终坚持了下来，成了一名杰出的游泳运动员。现在，已经长大成人的艳红希望有一天能在残奥会上为自己的国家摘金夺银。

苦痛有时就像是冰冷的水。当身体出现局部的症状，冷敷或许可以帮上忙，可如果整个身体都浸入水中，就会变成一堆冰冷的恐惧。真正抵达内心、有望彻底恢复的方法只有一个——直面痛苦。因为，无论多么痛苦的事情，我们都是逃不掉的。除了勇敢地面对它，化解它，超越它，最后和它达成和解，别无他法。然后，我们还会在这个过程中得到许多意想不到的收获，最终成为我们的人生财富。

美国心理学家罗杰斯曾一度陷入孤独的深渊，但当他面对这个事实并化解后，他成了真正的人际关系大师；美国心理学家弗兰克有一个暴虐而酗酒的继父和一个糟糕的母亲，但当他直面这个事实并最终从心中原谅了父母后，他成了治疗这方面问题的专家；日本心理学家森田正马曾是严重的神经症患者，但他通过挑战这个事实最终发明出了森田疗法……阿德勒曾经说过："在生理上的不足能激起精神上的补偿"。是的，磨难不仅限于生理，任何的"先天不足"都能激发起人们超乎寻常的努力。

几年前，著名导演张艺谋接受了美国有线电视新闻网（CNN）记者的专访。问起他的成功经历时，记者插了一句题外话："张导演，能不能问你一个私人问题？这几年，你的《英雄》、《十面埋伏》在国际、国内都取得了很高的票房，你已经是国际上知名的大导演了。有人传言，在当今电影界，仅'张艺谋'这三个字，就是一个聚财的品牌。能不能透露一下，你现在到底有多少财富呢？"

张艺谋仔细思考了一下，然后认真地对记者说："说来你也许不信，我的财富，只是一架旧式照相机。"

"这怎么可能？这听起来更像是个玩笑。"记者睁大了眼睛。

"我说的是真心话。"张艺谋笑着说，"由于家庭出身原因，从小到大，我和家里人一直生活在一个受人歧视的环境里。18岁那年，我迷上了摄影，可在当时，家里连吃饱饭都困难，哪里还拿得出钱给我买照相机、供我学摄影呢？有一天，我听人说卖血可以赚钱，于是我瞒着家人，偷偷地到城里去卖血。一连卖了五个月，终于攒够了买一架照相机的钱。"

事后，记者在专访文章中写下了这样的话：当人们把羡慕的目光投向成功人士名利光环的时候，却往往忽略了他们身上隐藏的精神财富，那才是他们动力的源泉、制胜的要素、成功的秘诀。

果然，张艺谋的人生从那架照相机开始有了翻天覆地的转变。1978年，凭着那架照相机给他的艺术积累和对艺术执着的追求，张艺谋考入了北京电影学院摄影系。毕业后，他担任摄影，拍的第一部电影就先后荣获了十几个国内外知名奖项，也正是那部《黄土地》，为张艺谋日后正式涉足电影界铺平了道路。

谁能想到，如今荣誉等身的光环人物，却有着那样一段特殊的苦难经历？一架照相机，一段卖血的经历，给了他极其深刻的人生体验，让这个年轻人懂得了只要勇于挑战逆境，打破宿命，终会有实现人生价值的那一天。就像张艺谋自己说的："不管到哪里，我一直保留着它，那才是我真正意义上的财富！"

其实，这样的体验在我们的生活中无处不在，只不过表现形式不同罢了。它既会使庸者消沉、颓废，也可使强者成熟、成长，这样的体验我们只要记住了，面对了，承受了，超越了，就会拥有一个大写的人生。

※ 有阴影的地方，必定有光

“孤单时，仍要守护心中的思念。有阴影的地方，必定有光。每个人无论遇到了什么，心里受到了什么样的打击，最终都会有一束光，打开心扉，美丽的光必定会照射每个角落。”

这是风靡华人世界的畅销绘本画家几米2009年的力作——《星空》。它从一种年龄的视角，描绘了一类无法和世界沟通的孩子，从对社会的恐慌、逃避到逐步认识自我的过程。

在画面斑斓、色彩精美的图画背后，描述了一个并不复杂的故事：两个不知如何与这个世界沟通的孩子，女孩因父母不和，从小便寄宿在乡下的爷爷家；男孩和父亲常年出海，不得不辗转于陌生的城市。有一天，女孩听到男孩在积雪覆盖的屋顶唱歌，于是，他们相遇相识了。

之前，他和她只能独自承受着来自于这个世界的孤独，但是当他们在一起的时候，他们把自己的孤独当成礼物，做了交换，共同对抗着那份承受和孤独，然后，从对方手里，收到了一份勇气。

他们逃离城市，穿过幽暗的隧道，来到森林的尽头。在童年嬉戏过的湖上，他们划着小船来到湖心，在山里的夜晚仰望美丽的星空。

后来，她大病一场，而他却悄然离开，留下她独自面对那些一起走过的路。

直到有一天，她在房东的指引下推开他房间的门，里面画满了各种各样的鱼，游到大海里，去找寻父亲的航船。而她的画像，就在那自由的鱼群中，安静地笑着。她懂了，笑了，哭了。原来，他才是真正的魔术师。

哭过一场，一切仿佛变得晴朗了许多，她看见春天的树苗抽出绿叶，小狗在欢快地奔跑。书的末页，写着：后来，我再也没有见到他，但我永远会记得那年夏天最灿烂、最寂寞的星空。当一丝落寞浮上心头时，合上画本，却看见作者说："孤单时，仍要守护心中的思念。有阴影的地方，必定有光。每个人无论遇到了什么，心里受到了什么样的打击，最终都会有一束光，打开心扉，美丽的光必定会照射每个角落。"

别太介意我们的人生路程中总是走在阴影的地方，那是因为我们的背后有阳光。因为有了阴影，探寻光明的价值才会充分体现出来。阴影只是实现梦想的必经之路，毅力和勇气才是黎明的守望。那些在黑暗中仍然仰望光明并孜孜以求的人，终究会把生命舞台前的那条黑色幕布拉开，看到色彩斑斓的宏图。

正像那首深入人心的两行小诗所写："黑夜给了我黑色的眼睛，我却用它寻找光明"。黑夜与光明形成鲜明的反差，诉说着整整一代人藏在心底的顽强求索，以及在黑夜中对光明的强烈渴望，那是在阴影中前行的唯一支柱，是一个人冲破黑暗的巨大力量。它不是对黑暗的绝望，而是对光明的向往，是一个充满激情的宣言。

阴影也好，黑暗也罢，都是每个生命必须经历的。法国著名小说家、哲学家阿尔贝·加缪曾说："死亡是无法摆脱的，但每个人都有自己的死。归根结底，太阳依然温暖着我们的身骨。"

在现代中国，也有这样一个人，他说："就命运而言，休论公道；如果你被选择去充任那苦难的角色，就去承担。"他就是几十年都坐在轮椅上，却完成了对苦难超越的著名作家，史铁生。

在史铁生的世界里，永恒的生命欲望已经超越了苦难和伤痛，到达了一种更为广阔的境界。当他"活到最狂妄的年龄时忽地残废了双腿"，于是便天天来到地坛公园，在寂静的天地中思考着关于生与死的问题，最后他终于明白："一个人，出生了，这就不再是一个可以辩论的问题，而是上帝交给他的一个事实。"他接受了这个苦难，包括生命中最不能忍受的残酷和伤痛。

在史铁生的一生中，他从自身亲历出发，到整个人类，了悟了人应该怎样看待自己的苦难，写下了不朽的文字留给后人："以最真实的人生境界和最深入的内心痛苦为基础，将自己的生命放在天地宇宙之间而不觉其小，反而因背景的恢弘和深邃更显生命之大。"

的确，每个人的一生中都会经历这样的阶段：外面的世界如同暗夜下的大海般深不可测、险象环生，个体就如同一叶扁舟，面对浩瀚的大海显得是如此渺小、孤独和迷茫。然而，这世上没有无边的黑暗，只要拥有坚强的毅力和不惧黑暗的勇气，终究会看到黎明喷薄的太阳，哪怕是生理上永远处在阴影甚至黑暗中的人：

艾薇是一名出色的钢琴调律师，同时，她也是一个盲人。一架钢琴，8000多个零件，没有人会相信盲人可以调音。但艾薇就是凭着她坚韧的精神、熟练的技术和严谨的工作态度，把不可能变成了可能。

除此以外，她还是当地无数"盲人第一"的创造者：第一位女盲人钢琴调律师、第一位骑独轮车的盲人、第一位开卡丁车的盲人、第一位盲人跆拳道“黄带”选手、第一位加入世界杰出华人协会的盲人……就是这样一位双眼视力仅有0.02、患有先天性白内障的盲人，创造了世人的奇迹，也创造了她自己人生的奇迹。

视野的盲区并不可怕，可怕的在于因一时阴霾而迷失在自我的沉沦中，看不到远方，看不到未来。每个人的心灵救赎最终还是要靠自己。在光明下欢笑是一种本能，而在黑暗中欢笑则是一种品质。在岁月与生命的博弈中，我们依然要有所期待，有所探寻；在东方第一缕曙光的指引下，见证心灵的成长。

※ 你可以跨过去，也可以绕着走

2012年春晚以后，一曲《雀之灵》让舞者杨丽萍再次浮现在公众视野中，一时间到处可见对杨丽萍的溢美之词。面对记者“你是为了舞蹈才不要孩子的吗？”的提问，54岁的她回答说：“有些人的生命是为了传宗接代，有些是享受，有些是体验，有些是旁观。我是生命的旁观者，我来世上，就是看一棵树怎么生长，河水怎么流，白云怎么飘，甘露怎么凝结。”

在鲁豫对杨丽萍的访问中，人们逐渐了解到，一个生长在偏远山区而自然丰饶的少数民族女童，是怎样依着自然的滋养而长成单纯而质朴的舞者的。

杨丽萍从小就跟母亲和弟妹一起在山区村庄生活，插秧、打柴、做饭、喂猪、放牛、做草鞋、绣花、割麦子样样都做，上山砍柴的时候，有时还会遇到狼。听到这段经历，鲁豫用不可思议的眼神看着她，很为她那双会飞的手感到遗憾，可杨丽萍却像小女孩那样笑着说：“你能把稻子一捆一捆割得满世界都是，让它越堆越高，这本身就是很有成就的一种感觉。”11岁起，她跟随西双版纳歌舞团背着铺盖行李走遍了云南的各个少数民族，用她自己的话说，走村串寨的生活“都是美，太美好太让人享受了”，而她的许多队友，却忍受不了那样颠沛生活的辛苦，纷纷离开。这段被别人看来是在受苦的生活，于杨丽萍而言，却是在接受大自然与多元文化的滋养。

20岁出头，杨丽萍进了中央民族歌舞团。由于歌舞团中传统的民族舞训练技法与她对舞蹈艺术的直觉背离，她拒绝接受集体训练，坚持按照自己的方式练习。为此，她受到领导和老师的批评，还得不到补助费。鲁豫替她惋惜："这些困难是不是多多少少会影响到你？"杨丽萍淡淡地说："因为你跳得好，他还是要用你。"在这样平静质朴的心态下，每天晚上结束训练后她还在独自用功，创作了后来获奖无数的《雀之灵》。

杨丽萍接纳这一切波折，她并不为外界的干扰和阻碍感到烦闷气愤，她的"特立独行"也不是一种傲慢，而是顺其自然地做自己认为正确的事。因为她的内心有一种力量，这力量就来自于她对自己内心渴望的尊重，对大自然和生活际遇的顺应和感恩，来自于她童年的生长环境。杨丽萍说："恰恰是因为我生活在这样一个地方，（对于艺术）完全要靠自己亲自去体会，而不是去学。我上学很少，母亲一个字不识，恰恰在这种很纯净很单纯的时候，你的智慧就会醒觉，然后你就去感受，这种东西我觉得是一种创造性，这种创造性是光明的，灿烂光明的。"虽然生活在穷困的边远山区，但杨丽萍的内心世界却从未感觉到匮乏，用她自己的话说，她的童年"没有艰苦的感觉，伸手就可以摘到桃子吃，出门就有一条清澈的水，你可以在那儿洗菜打水，在柳树根底下摘蘑菇……"大自然的丰饶存在滋养了她的心灵，而山区少数民族的质朴文化浸润了她敏感而开放的内心，使她获得了坚定的力量。

杨丽萍告诉记者，母亲教会她顺应和接纳生活中发生的一切，所以她可以在别人看起来艰苦的环境中很好地生存下来，而且活得愉悦满足。那些被常人看作是传奇的成绩，对杨丽萍来说却是自然而然的结果。外界形容她的舞蹈生涯“坎坷、勤奋、吃苦”，但舞者本人却不理解为什么要这么说，她似乎觉得这些词汇没有来由，她说：“什么东西都很眷顾我，结果也总是很好。”就是这样，因为顺应，因为感恩，因为自己内心有足够的资源，灵活而丰饶，所以，对她而言，一切都很好。

提到“内心的力量”，很多人认为那是历经世事、饱经沧桑之后获得的强悍的人生武器，是那种“要么跨过去，要么倒下来”的非此即彼的刚性；然而，通过杨丽萍我们看到，内心的力量既是坚持的能力，也是顺应的能力，刚柔并济，顺其自然。刚有时候代表着强，但并不意味着长久；柔有时候代表着弱，但并不意味着失败。因为懂得世界的不完美本就是客观存在，就好像自然界有美丽的孔雀，也有毒蛇和虎狼，所以一切都欣然接纳。看见一块大石头，就绕着走，只要能到达目的地就好。顺应和悦纳是对自己的珍惜，也是对世界之所以如此存在的尊重。要知道，只有你自己，才是你在这个世界上所能寻找到的无尽可能性之源。

我们都害怕失去爱、害怕永远得不到自己想要的东西、害怕自己会永远孤单、得不到爱和拥抱、得不到支持。它们就像黑夜魅影，让我们时时无法正视现实，无法接受自己。其实作为个体，最好的状态并不是永远在努力，永远处于完美中；当内心的力量足够时，我们就会有勇气去接受：我会失去爱，我会孤单，我会得不到支持，但我会爱我自己，我会陪伴我自己，我会支持我自己。那么情势就会逆转了。

另一方面，无法正视现实、无法原谅自己，是很多自我苛求者的症结所在，因为他们始终不愿承担厄运所带来的后果。暂时的困厄并不应该带来自暴自弃或焦躁不安，未来还长，一切都来得及。没有谁的人生不受伤，在千万次跌倒之后，有人选择跨过去，有人选择停下来；还有第三种可能，不惨痛，不纠裂——容纳得下自己，才可能容纳得下世界。这种智慧，不是皱着眉头就能想出来的，也不是从苦闷的人生中悟出来的；而是在真正能正确认识和接纳自己的心态下，重新开始，螺旋式的一点一点成长，永远保有心灵的光。

※把自己从泥地里拔出来

屡创剧坛奇迹的剧作家廖一梅在她的书《像我这样笨拙地生活》中说："我坚信，人应该有力量，揪着自己的头发把自己从泥地里拔起来。"她是想说，"对于人类而言，最好的安慰剂就是知道你的痛苦并不特殊。"

1965年，越南河内希尔顿战俘营里，关押着美军一位高级将领。作为被俘人员中最高级别的将领，美国海军上将斯托克代尔没有受到任何优待，先后遭受了二十多次拷打。他曾一度怀疑自己能否活着出去，直到8年后获释回国。

斯托克代尔的事迹在美国引起强烈反响，有很多媒体都来纷纷采访他。人们最关心的问题之一就是："8年时间里你有很多同伴不幸遇难，你又是怎么熬过来的？"

斯托克代尔想了想，回答道："我一直渴望活着出去见到家人，这个愿望一直支撑着我。"

"可是那些死去的人，应该也很渴望见到亲人吧？"记者不解地问："那你同伴中最先死去的是哪些人呢？"

斯托克代尔遗憾地回忆说："是那些过于乐观的人，他们总盼望圣诞节就可以被特赦，可是节日过后没能如愿，于是又想复活节可以，结果还是没被释放……这样一次连着一次的失望，把他们的信心一点一点击垮，不久后便郁郁而终。”

停歇片刻，斯托克代尔长叹了口气，讲起发生在监狱的事。由于各自被监禁在不同的牢房，他们彼此是看不到同伴的。于是，他们发明了一种秘密传递信息的方式，约定相互敲墙，以敲击的节奏来代替英文字母。起初，大家都严格按照约定的节奏敲墙，鼓励着对方，可是没过多久，就有人破坏了规矩，经常在节日前后用急促的敲击来宣泄情绪，以致一到过节，监狱里的气氛就与平时大不一样，越来越多的人烦躁地敲着，狱室内喧闹不堪，接着，死去的人也越来越多……

“有节奏地敲墙，其实是大家表达活着出去愿望的方式；杂乱无章地发泄敲击，只能适得其反。”最后，斯托克代尔语重心长地说，“这是非常深刻的教训。一个人无论在什么时候，面对多么复杂、残酷的现实，也不能对未来失去信念，自己放弃自己。”

正如小说《灵山》里的一段话：“历世间大喜大悲、惊心动魄之事，莫自伤形骸、莫如死灰槁木、莫激愤癫狂，神魂不欲疯魔必有所寄，所寄莫失。”说的正是这个道理，心有所寄，所寄莫失。

漫漫长途，我们会遇到很多“人生枯井”，也很难避免不掉入其中。当泥土无情地扑面而来，与其悲惨地号叫，抱怨命运的不公或是渴望他人的怜悯和帮助，不如将泥土抖掉，努力自救，从而走出人生的枯竭之境。就像《鲁滨逊漂流记》和《汤姆·索亚历险记》中的主人公，都是在身陷绝境的情况下，还能冷静下来自己寻找“出口”，坚持不懈地努力，最终摆脱困境。

青年时期的拿破仑有一次去郊外打猎，突然，听见不远处有人喊救命，便快步走到河边，看见有一个男子在水中挣扎。

看着眼前并不宽阔的河水，和在河水里拼命呼喊的男子，拿破仑不但没有跳下河去救人的意思，反而端起猎枪，对准落水者，大声喊道："你若再不自己游上来，我就把你打死在水里！"

那人见求救无望，反而更添一层危险，便只好奋力自救，终于游到了岸边。

身边的随从脸色不禁有些难看，小声嘟囔着："这也太残忍了！连一点爱心都没有。"

拿破仑还是听到了这小声的议论，转身看看随从，心平气和地说："我之所以拿枪逼迫让他自己游上岸来，是想告诉他，自己的生命本来就该自己负责。在这条不宽的小河里都不懂得自救的人，以后又怎么渡过他的人生之河呢？"

的确，积极的人绝不会坐失对自己有用的手段或机会，他们会最大限度地利用一切可调动的资源和条件，在看似毫无希望的时候发现生机，从而化险为夷、转逆为顺。是坚忍不拔的信念和希望让人们创造出奇迹，在身处逆境的第一时间，他们深知救世主只有自救，也必须是自己。

人们至今也不会忘记2008年5月，发生在四川的那场地震，更不会忘记在那场地震中自救互救的英雄们：在北川县城核心现场，在一股从深山逃出的人流中，11岁的小男孩背着3岁半的妹妹，非常吃力地走着。同行的爷爷、奶奶已经老了，父母在外打工，小男孩勇敢地担负起家庭的责任，一直走了12个小时没有停，他说，他很爱妹妹；还有那个砸腿、喝血，亲手锯腿的北川女子，被困3天后获救；一个初三学生，用双手刨挖数个小时，在废墟中救出了自己的女同学。

这些突遭灾难的普通人，他们没有等，没有放弃，抱着笃定的活下去的念头，冷静而坚强，在困境中自救，用智慧和勇气保护和挽救了自己与他人的生命。

遇到困境总是环顾左右、希望别人拉一把的人，也许能较快地逃离暂时的不幸，但谁又能预料，在不远的前方还有多少困境将要面临？他们一旦失去外界的援助，大多在困境中不能自拔；而在逆境中懂得自救的人，也许在苦痛中煎熬的时间会长一些，但他们从中锻炼并增强了战胜困难的信心和勇气，当再一次身逢逆境时，就能变得从容而机智。

也许你现在的生活并不富裕，也许你眼下的工作并不够好，也许你刚刚为情所困；不管处在怎样的困境中，都一定要试着自己爬起来，以清爽的面容和温暖的微笑，从容自若地面对生活。

人生就像一杯没有加糖的咖啡，喝时苦涩，回味起来却有久久不会退去的余香。有些心事可以讲给朋友，有些苦难只能自己承受。真正的痛苦，没有人能与你分担，你只能把它从一个肩头换到另一个肩头。“每一次陷入困境，对我来说就是又一次的挑战。我喜欢逆境，更喜欢享受在逆境中自救的过程。”大自然可以给我们的，除了困境，还有困境中积极的生活态度。

※ 记住，你不是一个人在痛苦

“我的人生就是一个非主流人生，父亲说我是外国来宾，说我的人生就像罐头一样，说得我有时候都想去死，但是那个念头过后，我又觉得人生不仅仅是那样。”

读到上面这句话时，很多人被深深震惊，不是因为话语本身，而是说这话的人——一位韩国国会前议员。

令人不可思议的是，像国会议员这么优秀的人，是什么样的痛苦让他说出这么沮丧消极的话？看看他的履历，简直就是积极完美的代名词：还在首尔大学研读法学本科的时候，就已经通过了司法考试、行政考试，并且以全A的成绩考入哈佛大学和耶鲁大学；毕业后，又在哥伦比亚大学获得博士学位。回到韩国，一举成为股市投资专家，之后顺利进入政坛，当选了国会议员；现在，是一名出色的律师。

看完这篇文章，或许有些人会评价他过于谦虚，或许有些人说他故意炫耀骄傲，然而，却没有谁能拿出任何证据断言，这位前议员夸张了自己的痛苦——大家都明白，每个人都有自己不为人知的一面。

所谓人生，就是在远行的路途中不断和稚嫩的自己告别，也许艰辛，也许孤独，但熬过了痛苦，我们才能得以成长。我们都曾拿着简历向别人介绍过自己，然而在简历的各项经历中，其实有很多用括号括起来的苦痛和挫折，鲜为人知。某位跨国企业CEO就曾这样说过：“只看简历的话，看上去的确很华丽，但是走到这个位置，我却经历了无数的苦难和绝望。”

对于彼此的“括号”来讲，我们都像是月亮一样的存在，展现的是有光亮的那一面，所以我们看不到对方的阴影。久而久之就会产生一种认识上的错觉，以为只有自己才有“阴暗的另一面”，一直自怨自艾“众人皆甜，唯我独苦”。

查理·卓别林曾经说过：“所谓人生，在远处看是喜剧，在近处看是悲剧。”我们往往看到别人的人生很幸福，而自己的人生则很痛苦，正是因为别人的人生都是从远处看，而自己的人生却是在近处看。“我不想过分地羡慕或者是怜悯任何人，也不希望别人很羡慕或者怜悯我。因为，他并没有看到完整的我，我也没有看到完整的他。”

19世纪80年代末，英国伦敦南部地区的一个演艺家庭，一个羸弱的小男婴降生。之后不久，父母就分居了，小男孩和他的哥哥跟随他们的母亲生活。几年后，母亲失业，兄弟两人被送入伦敦兰贝斯区的一个少年感化院，几周后又被送入一个孤儿收容学校。小男孩12岁半时，父亲因酗酒去世，母亲精神失常，被送入精神病院，自此，他离开了孤儿学校，成了一名流浪儿。报童、杂货店小伙计、玩具小贩、医生佣人、吹玻璃的工人，游艺场清洁工等，他统统都干过。

没想到，早年的贫困生活倒启发了小男孩后来的创造灵感，一个经典永恒的形象被表现出来：小胡须、细手杖、大号裤子及皮鞋，以及歪歪扭扭的正式晚礼服，暗示了在儿童天真想象中的威严成人，意在用天真无邪的形象重新塑造一个下层阶级的代表。

是的，他就是20世纪著名的英国喜剧演员，现代喜剧电影的奠基者，查理·卓别林。

17岁时，卓别林正式进入当时非常有名的卡尔诺剧团，扮演喜剧小丑。在此期间，卓别林有很多机会去世界各地巡回演出。终于在1912年，卓别林的美国演出非常轰动，引起了美国电影制片商赛纳特的兴趣，这位启斯东电影公司的老板一眼相中了这个来自异国他乡的青年，卓别林自此开始了他向往已久的演员生活。

卓别林在启斯东扮演各种各样的角色，多半是凶狠的、轻浮的、散漫的、狡猾的、丑陋的。这些人物符合启斯东的“理想”，但却和卓别林独具一格的整套喜剧手法很不协调。卓别林曾说：“我并不很喜欢自己的早期影片，因为在这些影片中我很不容易控制住自己。一两块奶油蛋糕飞到人的脸上，也许还有点逗趣，可是，如果整个喜剧性仅仅依靠这种办法，那么影片马上就会变得单调而索然寡味了。也许我并没有能够一贯做到实现我的意图，不过，我是一千倍地更喜欢用一种俏皮的姿态、而不愿用粗鄙和庸俗的行为去赢得笑声。”

基于真正艺术家的天性，卓别林越来越清楚地意识到幽默对生活基础的特殊意义。他开始从早期的滑稽电影中摆脱出来，逐渐把严肃的题材和喜剧片的传统手法巧妙地结合在一起。他力图通过电影反映出时代的特征，比如《狗的生涯》《城市之光》《凡尔杜先生》，以及最著名的《摩登时代》。他的影片不仅演技纯熟，更珍贵的是思想深刻，那些同情的、辛酸的、深省的笑，都是残酷人生和残酷时代的真实写照。他说，创作喜剧，其中的悲剧因素往往会激起嘲笑的心理，而嘲笑正是一种反抗。

为此，美国政府掀起了对卓别林的迫害。《凡尔杜先生》在美国的许多大城市被禁映。对此，卓别林在巴黎报纸上发表了一篇题为“我向好莱坞宣战”的文章，向全世界控诉他所遭受的迫害。

大概十年后，由于世界格局的变化，卓别林在美国的命运也随之再度发生了改变。1963年，他在纽约组织了自己的电影节。1972年，他在奥斯卡有史以来最热烈且持续时间最长的起立鼓掌声中，接受了美国电影学院颁发的奥斯卡特殊成就奖。

这位88岁高龄的世界杰出喜剧大师用他跌宕起伏的传奇一生向世人说明，“不幸，是天才的晋身之阶，是信徒的洗礼之水，是强者的无价之宝，是弱者的无底深渊。”所有的锻炼不过是再次呈现，我们还没有学会的功课。

的确，几乎没有哪一个人生命中不经历难捱、痛苦的时刻，脆弱不堪的人因眼前的坑洼泥泞而畏首畏尾、一蹶不振；而眼光长远、心灵强大的人，把这一切看作是一种孕育希望的机遇，沉着并坚忍。

正如海伦·凯勒所说：“每小时，每一天，我们都在反抗痛苦。仿佛我们哀恸的人是上帝孩子中痛苦最深的。我们奇怪为什么这痛楚要加在我们身上，因而不停地哭。但是只要我们有承担悲愁的力量，到头来就会发现我们的灵魂最尊贵。‘痛苦如果征服不了我们，便不算是罪恶’。”

※ 其实，一切都还来得及

“昨天所有的荣誉，已变成遥远的回忆。勤勤苦苦已度过半生，今夜重又走进风雨。我不能随波浮沉，为了我挚爱的亲人。再苦再难也要坚强，只为那些期待眼神。心若在梦就在，天地之间还有真爱；看成败人生豪迈，只不过是从头再来……”

每当听到刘欢这首悲壮而又豪放的歌曲时，陈建军的感触总是特别深刻，有刺痛，有辛酸，更多的是激情澎湃，他总感觉这首歌是专门为他写，为他唱的。

是的，看成败，人生豪迈，只不过是从头再来。如今，陈建军已越过下岗、失业的坡坡坎坎，迈上了人生的巅峰，笑傲江湖。

20世纪80年代，20岁的陈建军大学毕业后进入当地某大型糖酒公司，凭着年轻人的敢拼敢闯，不到一年的时间，他就从一个普通的业务员成了科长。此后，他的勤勤恳恳、胆略过人，为公司带来了不小的业绩。临近不惑之年，他出任了该公司的经理和法人代表。

然而，就是这么一个深爱着国企，在岗位上勤恳工作的“老黄牛”，在21世纪初始，却遭遇了人生中的重大转折：陈建军从国企经理成了一名下岗职工，不到2万元的补偿款让他和同事们一起走进了迷茫的风雨中。更让人感到焦心的是，妻子也在另一家企业下岗了，双重打击几乎令这个家庭无法承受。

在国有企业工作了十几年，可从国企干部转为下岗职工却是一夜之间的事。一时间，陈建军怎么也转不过这个弯来。相当长一段时间，他情绪低落、意志消沉。最困难的时候，一家人的温饱都成了问题。

此时，一些个体户、机关单位、私人企业看重了陈建军的能力与工作经验，纷纷向他抛出了橄榄枝，希望他能继续做管理工作。可陈建军却没答应。

“我知道自己不能再这么沉沦下去了，可是，给别人打工仍旧是一时之计，要想发挥专长，还得自己干！”

这么一想，陈建军的精神头又回来了。经过反复考虑和调研，他决定自己做生意，继续从事老本行——卖酒。

陈建军认真分析总结了过去计划经济的诸多弊病，在市场经济下，带着手下仅有的2名下岗职工，主动出击去跑市场。他们要做就做品牌，无论是在质量还是信誉方面都更有保障。家里全部的积蓄刚一开始就花得差不多了，后来，陈建军为了完成进货任务，竟破釜沉舟地把自己的房子都卖了。

随着知名品牌影响力的不断提升和人们消费水平的提升，加上陈建军的努力，5年后，他的销售额就突破了500万元，成为当地小有名气的白酒供应商。

如今，陈建军已经做到了月销售上千件酒品，无疑成了一位非常成功的私营企业家。这时候的陈建军，怀着一颗倾情回报社会的心，先后捐助了上百名贫困高中生、大学生，不仅让他们顺利完成学业，还帮助青年学生树立了健康的人生观和价值观。

当昨天所有的荣誉如时光一样离我们远走，当那顶耀眼的光环已不再闪亮，当那引以为傲的赞赏如流水般奔涌而过时，有过落寞，有过伤感，你是否会重新回望你的梦，守护你的心，拿出为人的勇气，扬起生命的风帆，唱一曲《从头再来》？

也许，你是一个二十多岁的青年，正在踌躇满志地准备打拼一个属于自己的天地。没想到一切尽失，遍体鳞伤，前途一片渺茫——没什么了不起！青春是你最好的资本，是人生给你的最大砝码。一次挫折、一次失败，正是今后成长的奠脚石。就像展翅的雄鹰，都是在无数次撞击悬崖之后才懂得飞翔，在无数次伤口愈合又添新伤之后才能在暴风雨中笑傲。

或者，你已经为人父、为人母，在人生已过去大半的时候，却忽感生活的天平失衡。曾经那么稳定的工作、那么丰厚的收入已是昨天，未来可能需要付出更多的汗水和艰辛。然而，我们有一份把命运握在手中的信心，有一直紧守的坚韧和耐心；只要有了那从头再来的潇洒，再湍急的江河也能淌过，再猛烈的风雨也能前行。其实，我们不应该怕改变，如果不“变”，反倒说明你已经老了，而“变”才会让自己越来越年轻。只是一次变化和经历，又何必耿耿于怀?

其实很多时候，我们大多数的恐慌和焦虑、悔恨和蹉跎，都源自“来不及”和“怕失去”：来不及恋爱，来不及成家，来不及立业；害怕失去青春，害怕失去机会，害怕失去原本简单纯净的内心。可是人生就是这样，一路踩着自己的害怕和失落，一点点学习，一步步成长，慢慢学会对当初的决定释然，迎接另一个不畏将来的自己。

也许一帆风顺能让人生之路更平坦，可它却少了一份历经惊涛骇浪的精彩。当鲜花并没有给你我铺一条康庄大道，当挫折一直深埋在跋涉的旅途，就让我们永葆初心，随时随地准备好去改变，重新开始，从头再来。无论你是奋勇直前还是急流勇退，只要有站起来走下去的决心和勇气，一切都来得及。

对于我们每个人而言，生命的起点只有一次，但人生的起点却可以随时开始。不要担心时间不够，不要害怕枉走弯路；成功没有先后，当我们勇敢迈出这一步的时候就会发现，所有的担心和恐慌都是多余的，因为，一切都还来得及。

第3章

未来还没到，你的忧虑为时尚早

《午夜的沉默》里有段话："人要生活，就一定要有信仰。相信一切事物和一切时刻合理的内在联系，相信生活作为整体将永远延续下去，相信最近的东西和最远的东西。"未来在该来的时候就来了，它承担得了你的荣誉，却承担不起你给的预设。若是没有努力活出最好、最善和最真的自己，没有抬起头看向远方的一片辽阔天地，也不曾低头追求内心的觉醒，那么，这一生，算是白活了。爱你现在的时光，过去的已经过去了，较什么劲呢？未来的还没有来，你焦虑什么？

※ 忧虑是比天花危害大1万倍的病

“这是发生在很久以前的一件事，”卡耐基在日记中回忆，“有天晚上，我家的门铃突然响起，是一个邻居来告诉我和我的家人，为了预防天花，要赶紧去接种牛痘。的确，当时情况很糟，许多人都吓坏了，去排好几个小时的长队等待接种牛痘。原来，这是因为在纽约市800万人口中，每8个患上天花的人就会有2个人因此而死亡，概率是非常高的。”

“但其实，还有比这更糟糕的事，却从来没有得到重视，这让我感到非常遗憾：有一种病对人们造成的危害起码要比天花大10000倍，然而我在纽约市住了37年，却从来没有一个人按我的门铃，警告我要去预防它——精神上的忧虑症。”

的确，正如诺贝尔医学奖获得者阿利西斯·科瑞尔博士曾经说的：“不知道如何抗拒忧虑的人，都会短命而死。”耶鲁大学心理学系教授罗伯特·斯滕伯格曾做过这样一项研究：对176位、平均年龄44.3岁的工商业负责人进行调查，并形成了一篇报告。通过研究发现，大约有1/3的人都因为忧虑而导致了如心脏病、高血压及消化系统等疾病。此后，又有一些医学专家研究发现，长时间忧虑还容易患上慢性关节炎、胃病以及蛀牙。

这就像女人都会在意自己的容貌一样，几乎没有人愿意“自我毁容”。但也许我们还都没有意识到，没有比忧虑让人老得更快的东西了。

忧虑不仅毁掉了人们动人的表情，还会导致头发脱落、面生皱纹。这在著名女星曼尔奥伯朗的经历中得到了印证，对于这个问题，她说出了自己的感受：

“那还是在十年前，我刚从印度一个小地方来到伦敦，一心想在这个大都市中的影视圈中有所发展。初来乍到，虽然一切都还那么陌生，但我的斗志却十分高昂。当我满怀希望和信心地开始自己的第一步时，实际遇到的情况比我想得要糟糕得多：四处碰壁，没有一家电影公司肯录用我。我身上带来的那点钱马上就要花完了，只能靠一点硬饼干和白开水勉强度日。没过多久，一股忧虑的阴云便把我的内心笼罩了大半，我甚至暗自在心里咒骂自己：‘你这个笨蛋是永远进不了影视圈的，你看你除了有一张还算漂亮的脸蛋外，还有什么！’在那段时间，我就是这样一边试图再坚持一下自己的梦想，一边又担心没有结果。同时，我的经济状况也让自己更加焦虑。

这样忧虑的结果自然是没有任何帮助，但让我更没想到的是，它不但没有帮我解决丝毫问题，而且影响到了我的容貌。有一天早上我起床照镜子，镜子里的人简直让我大吃一惊。我看到的是一张愁眉不展的脸，更严重的是，这张脸上竟然出现了一些皱纹。当时我好像一下就明白了，对自己说：‘不要再忧虑了，你最大的资本就是拥有一张漂亮的脸蛋，而你心中的忧虑会毁了它。’”

每个人都希望自己能够身心健康，但这看似并不过高的要求背后，却有一个最基本也是现代人最难做到的：必须让自己尽可能地消除忧虑，保持内心的平静。著名心理学家阿森德尔博士曾经说过：“在现代都市的混乱中，只有那些能够维持内心平静的人，才不会变成神经病。”这绝不是危言耸听，要知道，20世纪90年代的纽约，大约每10个人中就有1人出现过精神崩溃。

所以说，要想让自己不被“潜在疾病”所危害，那就要认识到忧虑的危害，并且彻底远离它。这比选择任何高档的护肤品或保健品都更实际，更有效。

一年前，芝加哥西比大学附属医院收到一位病情严重的急诊病人，病人患的是胃溃疡导致的胃出血。看到患者的基本资料时，医务人员都吃了一惊：眼前这位就是享誉全球的某五星级酒店总裁，汉里斯。紧张的工作常常让他忧虑发愁，五年前就得了胃溃疡。这一次，他的情况并不妙，经过专家会诊，一致遗憾地认为汉里斯是“无药可救了”。他在医院里只能吃苏打粉，每小时辅以一大匙半流质的食物，把胃里的东西洗出来。

一连好几个月，汉里斯一直是在病床上以这样的情形度过的。有一天汉里斯对自己说：“汉里斯，如果你除了等死之外没有什么别的指望的话，不如好好利用你剩下的这一点时间。反正最坏的也不过是死，而你现在没死，还应该做点什么。”

汉里斯从少年时期就有一个梦想，要环游世界——而就在被告知离死亡不远的时候，他抛开了一切忧虑和担心，决定马上行动。医生们都认为他疯了，警告说，如果他开始环游世界，就只有葬在海里了。

“不，我不会的。”汉里斯回答说：“我已经答应过我的亲友，我要葬在我们老家的墓园里，所以我打算把我的棺材随身带着。”

汉里斯真的就去买了一口棺材，并和轮船公司协商好，允许他带上船，万一他在半途中死去，就把尸体放在冷冻舱里，直到回到老家的时候。就这样，汉里斯开始了他的旅程。

随着轮船的起航，汉里斯也忘却了以前一切烦心焦虑的事，专心享受着他的最后时光。不知不觉中，他不再洗胃，甚至连药也吃得少了。不久后，他就任何食物都能吃了，包括许多奇奇怪怪的当地食品和调味品。几个礼拜过去了，他甚至可以抽长长的黑雪茄，喝几杯红酒。汉里斯和船上不同的人玩游戏、唱歌，晚上聊到半夜。当船航行到印度后，汉里斯发现回去之后要处理的事情，和在这里见到的贫穷饥饿比起来，简直就是天堂与地狱之比。从那时开始，汉里斯停止了所有无谓的担忧，感到从未有过的舒心和畅快。

回到美国后，他几乎完全忘记了自己还曾患过胃溃疡。他开始期待每一天的到来，再也没有犯过一次胃病。

汉里斯的经历告诉我们，忧虑是一剂慢性自杀的毒药，而治疗它的最好医师只有我们自己。犹太人有一句谚语：“只有一种忧虑是绝对正确的，那就是为忧虑而忧虑！”即使再担忧，也未必能够改变什么结果。所以，给每一种烦恼和不快设置一个“止忧线”，宽容地看待一切，让我们的忧虑“到此为止”。这不仅能减轻压力，还会让我们体味到从未有过的美好生活。

※别让杞人忧天推演得太夸张

你有没有过这样的时候：工作日起晚了，不禁慌乱起来，“坏了！我一定会赶上堵车，要是迟到，老板肯定会对我不高兴，要是他气炸了，说不定会要我走人，万一我失业了，房屋贷款、还有一大堆等着支付的信用卡账单该怎么办？要是不能及时找到工作的话，不但信用破产，房子也会被查封。房子如果没了，我能住在哪儿？没钱又没地方可去，我一定会饥寒交迫，搞不好还会露宿街头呢！而这些都是因为今天起晚了！”

或许你会觉得这样的“推演”未免夸张了些，但在我们实际生活中，类似这样的杯弓蛇影几乎每个人都曾有过。我们都在患得患失的焦虑中战战兢兢地过活，害怕今天所有的一切明天就会幻化成泡影，由此恐惧也就油然而生。

就像这样一则故事中的主人公，看似夸张可笑，却足以让我们自省：

有个叫山姆的中年人这天下午路过法庭，看见一堆人把那儿围了个水泄不通，上前一问才知道，有一宗故意伤人案的公审马上就要在这里开始了。出于好奇，山姆也挤了进去，在后排的一个旁听席坐下。

庭审开始，只见被告身着西装，款式竟和山姆的衣服一模一样，他被指控故意伤人。控方的证据是被告具备作案时间，而被告辩护的理由则是案发当天下午他一直在家。只是，在近两个小时的法庭调查和辩论中，被告都未能拿出证据证明案发当天下午他在家而不在案发现场。结果，被告最后被宣判有罪。

这让坐在旁听席上的山姆大惊失色——这样一来，如果以后万一有什么事情和我有关，我又怎么能证明自己的清白？想到这里，山姆心里一抽，一股凉气从背后袭来。他连忙问坐在旁边的一位戴眼镜的先生："请问先生叫什么名字？"对方回答说："我叫弗兰德。"山姆赶忙说明："我叫山姆，我想，你能证明我今天下午一直在法庭。"没想到弗兰德先生却说："对不起，我只能证明你现在在法庭，至于你跟我说话前是否在法庭，我不能证明。"这下，山姆更着急了："整个下午我都跟你坐在一起，我一步都没有离开过这个座位，你怎么不能证明呢？"刚刚走下审判台的法官看见两个人在纠缠，便走了过来。山姆三步并作两步地拦住了法官，说："我确确实实整个下午都在法庭，我一直坐在他的旁边。"法官说："你自己说了没用，你得有证人！有人证明你今天下午都在法庭吗？"山姆望着弗兰德，弗兰德摇摇头。法官说："幸好还没有人指控你！"山姆惊出一身大汗。

出了法庭，山姆忧心忡忡地上了公共汽车，他拿着售票员撕给他的票问："你这票能够证明我今天下午五点左右在你们车上吗？"售票员对于眼前这个人奇怪的发问不知所措，只能说："我们的票只能证明你乘过我们的车，而不能证明你在什么时间乘的车。"山姆小心翼翼地把车票放进内衣口袋。临下车前，他问售票员："请问小姐芳名？"售票员说："我叫玛丽娜。"山姆指着自己的额头说："我叫山姆。记住，我这儿有个刀疤。"

下了车，山姆连家门都没进，就直接奔向邻居家。他敲开邻居家的门，上来就突兀地说道："你看见了，我现在进门了，你能证明我到了家，我在家里。"说完，山姆才喘了一口气回到自己家里，一头倒在沙发上睡着了。

由于神经过于紧张，山姆忽然从梦中惊醒，好像想起了什么，兴冲冲地来开门，又走到邻居家门前："你看到了，我在家里。"对方显然被山姆的行为惹烦了，冷冷地回答道："我只能证明你两次敲过我家门的时候你在这里，至于其他时间你是否在家，请谅解，我不能证明。"

听到这样的回答，山姆急得在屋里乱转，忽然看到了床头柜上的电话机。他拨通了一个朋友的电话，说："我打电话给你，是想让你证明我在家，万一将来有人指控我，你可以为我证明。"电话那边传来回声："从来电显示看，你是在家。但我只能证明你给我打电话的时候在家，至于不打电话的时候你是否在家，对不起，我不能证明。"

就这样，山姆不断敲邻居的门，不断打朋友的电话。夜深了，他躺在床上，想到法庭上那个被判有罪的人，发现自己竟和他一样，一直都是一个人生活，一直过着没有证人的生活，这是多么危险。万一以后有人指控他，他可能会跟那个被告一样，因为没有证人而被判有罪的。山姆越想越恐惧，他再也不能一个人生活了，他决定天一亮就立刻去找个证人来，和自己一起生活。

这看似荒诞的故事是想告诉我们：我们的很多忧虑都像山姆一样，是自己给自己添加的，我们经常因为莫须有的缘故而陷入恐慌。但凡稍作冷静就会发现，那不过是杞人忧天罢了。

《读者文摘》上有篇文章，对杞人忧天者的心理进行了绝妙的讽刺："如此众多的令人忧虑的事情！有旧的，也有新的；有重大的，也有微小的，而富有想象力的忧虑者总有办法将路上的行人同远古时代联系起来。假如太阳燃尽了，一年四季可能完全成为黑夜吗？如果低温冷冻中的人再苏醒过来，他们还能活多久？如果一个人没有了小脚指头，他能否在踢球中进球呢？"

《圣经》中写道："不要为生命忧虑吃什么、喝什么，为身体忧虑穿什么。生命不胜于饮食吗？身体不胜于衣裳吗？你们看那天上的飞鸟，也不种，也不收，也不积蓄在仓里，你们的天父尚且养活它。你们不比飞鸟贵重得多吗？你们哪一个能用思虑使寿数增加一刻呢？那又何必为衣裳而忧虑？就像野地里的百合花，你们看它是怎样生长，它也不劳苦，也不纺线，然而我告诉你们：就是所罗门极荣华的时候，他所穿戴的还不如这朵花呢！野地里的草今天还在，明天就丢掉炉里，神还给它这样的装饰，何况你们呢！所以，不要为明天忧虑，因为明天自有明天的忧虑；一天的难处一天当就够了。"

过度的忧虑只能让渐渐老去的生命丢失本该属于我们的快乐与幸福，纵然再后悔再觉醒，也都无济于事。所以请记住这一点：无论你多么忧虑，哪怕让自己的一生都在忧虑中度过，也无法解决任何问题。那么，就让我们珍惜获得快乐的权利，带着笑容好好地生活吧！

※ 亲爱的，请爱你现在的时光

“生命中有一个很奇妙的逻辑，如果你真的过好了每一天，明天还不错。如果你安安稳稳地做好大一学生应该做的事情，你的大四应该不错，可是你大一就开始做大四的事情，我想告诉你，你的大五会很糟糕。”

这是央视名嘴白岩松在给某高校大学生做演讲时所说的一段话，后来，他由此写了一篇文章，题目叫《爱你现在的时光》。其中有相当篇幅，写的是他的一位老大哥史铁生。

“史铁生是我非常尊敬的一位老大哥，他曾经有这样一段话：当时四肢健全的时候，可以随地奔跑的时候，抱怨周围的环境如何糟糕，突然瘫痪了，坐在了轮椅上。坐在轮椅上的时候，抱怨我怎么坐在了轮椅上，不能行动了，怀念当初行走、可以奔跑的日子，他才知道那个时候多么的阳光灿烂。又过了几年，坐不踏实了，长褥疮，各种各样的问题开始出现，突然开始怀念前两年可以安稳地坐在轮椅上的时光，那么地不痛苦，那么地风清日朗。又过了几年，尿毒症，开始怀念当初有褥疮，但是依然可以坐在轮椅上的时光。又过一些年，要透析了，不断地透析，一天中清醒的时间越来越少，还是怀念刚得尿毒症那会儿的时光。”

的确，史铁生曾说，生命中永远有一个“更”，还是珍惜现在最好。在那次高校演讲的最后，白岩松说：“爱你现在的时光，过去的已经过去了，较什么劲呢？未来的还没有来，你焦虑什么？如果我们要为未来忧虑的话，可能会有一辈子的机会，难道你会为了你的未来，一辈子地忧虑吗？”

试想，如果今天就是我们生命中的最后一天，又会如何呢？在热播韩剧《我叫金三顺》中，三顺抱着大包小包的东西，途经公交车站，一段广告词让她流下了眼泪：去爱吧，像从来没有受过伤一样；跳舞吧，像没有人欣赏一样；唱歌吧，像没有任何人聆听一样；工作吧，像不需要钱一样；生活吧，像今天是末日一样。

其实，我们完全没必要非等到生命中最后一天的时候，才去认识、去珍惜，也没必要等到回忆往昔时才觉得青春的美好、岁月的留情。就像《飘》里的女主角郝思嘉一样，在心烦意乱的时候总是对自己说：“现在我不要想这些烦恼的事情，等明天再说，毕竟，明天又是新的一天。”昨天成为过去，明天尚未到来，过好此刻才是最真实的。否则，此刻即将消失的时光，又上哪儿去找？

成功学大师卡耐基说：“再回头看一遍那些曾经无比困扰过我们的事，就会发现竟然没有一件不是琐碎的小事。”科学家曾对人们的忧虑进行过量化统计，结果发现，之前所有的忧虑之事，最后只有大约10%会变成现实。也就是说，人们往往付出了100%的忧虑，其中却有90%是无用功。怪不得有人说，真正的恐惧不是血肉横飞的画面，而是调动你的想象力，把你自己吓着了。

不要再流连于并不属于我们的时光，而忽视唯一拥有的此刻。每一个人生命中的每一个当下都是独一无二的，它既不是过去的延续，也不是未来的承接。用心体验这一刻所拥有的，用心感受这一刻所度过的时光，我们便会感觉到自己的思想和情绪，从而因感受到自己的存在而快乐。

作家斯宾塞·约翰逊写过一本书，名叫《礼物》，讲述的是这样的故事：一位充满智慧的老人告诉孩子，世上有一个特别的礼物，可以让人生更成功、更快乐，可这个礼物只有靠自己的力量才能找到。于是，这个孩子从童年到青年，用尽所有的办法四处找寻。只是奇怪的是，越拼命去找，他就感到越不快乐，那份他生命中的礼物自始至终也没有出现。终于，年轻人决定放弃，不再漫无目的地去追寻。然而就在这时他赫然发现，那份礼物原来一直在他的身边，这个人生中最好的礼物就是——此刻。

生活中，包括你我在内的许多人都在寻觅有形的“礼物”，却往往忽略自己早已拥有的无形的“此刻”。在这个充满不安和焦虑的时代，也许这份“礼物”更能帮助我们重新发现生活的真谛。

一位专栏女作家亲历了地震后，第一时间写了一篇生命感触：“地震的那一刻我问自己，如果生命这一刻就停止，我还有哪些人放不下？还有哪些心愿未了？那一刻，我的脑海里瞬间闪过一连串人，一连串事。就在我刚想和世界告别时，地震突然消失了。短短几十秒的时间，却仿佛让生命停顿在了那一刻。那一刻，震走了我所有的抱怨、不快和忙碌，让我突然对上苍充满了无限感恩，唯有感叹一句话：能活在当下，真好！”

的确，生命中最宝贵的，正是我们现在度过的时光。正如某奢侈品手表的广告词：at the moment，意为“尊享此刻”。时间的针脚一分一秒地在手腕上流走，悄无声息地带走了我们的青春、容颜和躯体，同时，它也滴答滴答地细数着生命片刻的美丽。

让我们把生命中所有的感知全身心地投入到当下的每一个人、每一件事，生活于当下才是唯一真正的生活。过去已经逝去，留下来的只是记忆；未来还没有来到，虚幻出的只是想象。活在现在，就是活在永恒之中。

谨以阿根廷诗人博尔赫斯的一首《此刻》，与你共享：“如果我能够重新活一次，在下一生——我将试着，犯更多的错误，我不再设法做得这样完美，我将让自己多一点放松，我将变得更加愚蠢——比起我现在，事实上，我将认真地做更少的事，我将不那么讲卫生，我将冒更多的风险，我将更多去旅行，我将看更多的落日，我将爬更多的高山，我将在更多的河水中游泳，我将去更多地方——那些我没有去过的，我将吃更多的冰奶酪和更少的酸橙豆，我将问更多真实的问题——少问那些假想的。”

“就像那些人中间的一个，我会，谨慎而丰富地，活在我生命里的每一时刻，当然，我也会有许多欢乐的瞬间——可是，如果我能重新活着，我将试着只要那些好的瞬间。如果你不知道——怎样建造那样的生活，那就不要丢掉了现在！”

※ 你要相信，没有到不了的明天

“俞老师，我觉得人是有命的。他的命就是好，没办法，生在有钱人家里，什么资源都有，大学一毕业的时候就有大把的钱创业，而且天资聪明，一创业就成功。您说，我们这些人怎么比？”

这是新东方的一个学生给校长俞敏洪写的邮件，这是一个出生在农民家庭的外乡男孩，由于家里经济条件有限，营养达不到，所以从小就比同龄人矮一大截。后来一个偶然的机会他得到一笔资助，上了大学，现在报名新东方，是想以后出国留学。可是，看着周围的同学们要么来自名校，要么出身富家，他心里时时不是滋味，甚至打起了退堂鼓。

收到这封邮件，俞敏洪沉静良久，他仿佛看到了一棵茁壮的小树苗因为担心环境和未来，而在风雨中摇摆不定的样子。仔细思考了半天，他认真地给这个男孩回了信：

“此时的你不需要太关注过去，也许现在看来很多表面上的东西的确是没法比的，但从长远的一辈子来看，它并不像你想象得那么重要。”

“每个人的潜力都是无限的，一个人拥有的资源多少并不能决定他一辈子的成功与否。很多最初并没有拥有多少资源的人，通过努力，最后都成了拥有较多资源的佼佼者。比如马云，一个普通工人家庭的孩子，他的父亲是拉三轮车的；又比如我，和你一样，是一个普通农民家庭的孩子，我的父母都不识字。我们俩都不是天生有“好命”的人，但到了今天，毫不夸张地说，我们都拥有了一部分不错的社会资源和企业资源。”

“所以说，不管今天的你所处的环境如何，不管今天的你身处何地，只要你心中真正有生命的热情，只要你相信努力、勤奋和正确目标的力量，你就一定会有美好的未来。”

作家卢思浩在《你要相信，没有到不了的明天》的文章中写道：“不管你现在是一个人走在异乡的街道上始终没有找到一丝归属感，还是你在跟朋友们一起吃饭开心地笑着的时候闪过一丝落寞；不管你现在是在图书馆里背着怎么也看不进去的英语单词，还是你现在迷茫地看不清未来的方向不知道要往哪走；不管你现在是在努力去实现梦想却没能拉近与梦想的距离，还是你已经慢慢地找不到自己的梦想了——你都要去相信，没有到不了的明天。”

的确，“我们总是在昨天狠狠绝望过一回，然后突然醒悟般地走向未来的生活。我们终究还是找到了，找到了微笑着走向明天的勇气。”

我们应该知道，在得到理想的生活之前，必然要经历一段不太理想的日子，我们要学会接受并安度这段不大满意的时光。也许，直到50岁你才达到别人30岁的状况，但那又怎样，你是走一步学一步，一步一个脚印地追求。很有可能，最后你没能环游世界，也没能家喻户晓，但是，你可以将这些梦想寄托在那个叫作明天的未来，并且每一天都不虚度。

有人喜欢活在过去，为时过境迁欷歔，有人喜欢幻想未来，为虚无缥缈伤神。但是，那些梦想实践者，除了养成梦想，更有一份额外的信心和坚持。他们从不夸夸其谈，20岁时绝不为30岁的事而焦虑，工作的时候从不奢望退休以后的生活。他们知道，按照自然的节奏踏实前行，时间一定会带来该来的一切。

一代文学才子沈从文也曾经历过那些看不到光亮的灰暗日子，但他说："我不相信命运，不承认目前形势，却尊敬时间。我不大在乎生活上的得失，却了然时间对这个世界同我个人的严重意义。"时间会改变一切灰暗和残酷，前提是我们没有放弃相信和努力。

未来的你必定成熟，也必定老去。别指望未来的你会理解现在的你，后悔难当几乎是个必然，今天的承诺也总是会在未来被成熟戏谑。那么，需要现在的勇气和信心去做的事情，试试又何妨？不要以"我已经来不及了"为借口，我们还可以跌倒，还可以犯错，还可以反悔，还可以重新出发。未来还没到来，一切都来得及，要相信，相信未来。

白岩松在自己的书中写过这样一段话：走到生命的哪一个阶段，都该喜欢那一段时光，完成那一阶段该完成的职责，顺生而行。不沉迷过去，不狂热地期待着未来，生命这样就好。不管正经历着怎样的挣扎与挑战，或许我们都只有一个选择：虽然痛苦，却依然要快乐，并相信未来。

半个世纪前，那个在逆境中自我鼓励的民间诗人，用他巧妙的构思和雄浑的笔触告诉人们，应该怎样矢志不渝地恪守自己对明天的承诺，"相信未来，热爱生命"。

"当蜘蛛网无情地查封了我的炉台，当灰烬的余烟叹息着贫困的悲哀，我依然固执地铺平失望的灰烬，用美丽的雪花写下：相信未来。当我的紫葡萄化为深秋的露水，当我的鲜花依偎在别人的情怀，我依然固执地用凝霜的枯藤，在凄凉的大地上写下：相信未来。我要用手指那涌向天边的排浪，我要用手掌那托住太阳的大海，摇曳着曙光那枝温暖漂亮的笔杆，用孩子的笔体写下：相信未来。”

“朋友，坚定地相信未来吧，相信不屈不挠的努力，相信战胜死亡的年轻，相信未来，热爱生命。”

※ 人生的春天终会翩翩而至

那是一段尴尬的岁月：他是一个落魄的教授，如今早已不在大学教书。为了养家糊口，返聘到了一个闹市区的小学校。只不过人们还习惯性地喊他“教授”。

教授家住在老城区一个破落的院子里，已经没剩下什么值钱的物件，只有一个鸡窝也长了茅草——半个月前，家里唯一的一只鸡被送到街面上，换了三公斤米。教授养活着两个孩子，儿子8岁，女儿5岁，正是长身体要营养的时候。家里却常常因为一升米而难倒英雄汉。

与此形成鲜明对比的，是街道上店面最大的蛋糕房——老板的儿子正是教授的学生，每天有吃不完的鸡腿和烤肉。差距着实让人心里发酸。

眼看着中秋就要到了，早就从那些富户人家的门庭里传出用菜籽油炸月饼和点心的香味了，而教授还在为孩子们的肚子而发愁。

教授像其他的小学教员一样，每天都要去学校教书，到了月底结一次工资。此时刚过月中，距离发工资还有近半个月的时间，哪里来的钱去给孩子们买吃的?

这天，午间放学，所有学生都走光了，教授叫住了那个家里开蛋糕店的学生。

教师办公室里，四下无人，静得只有教授紧促的喘息声。“有件事，”教授终于张开了嘴，十分难为情地说：“我想请您帮个忙。”连他自己也没有想到，他竟然用了“您”。

学生尴尬而面带微笑地问：“老师，您别客气，您请讲。”

“是这样，你知道，我有两个孩子，儿子就像你这么大。我是说，他们很想吃你们家的蛋糕，可我这个月的工资还没有发，你看能不能我先给你写个欠条，等工资发下来……”教授把头都快埋进了胸口，红着脸，像个犯了错的学生。

“就为这个呀，老师，您甭犯愁了，我回家取便是，您在这里等我。”说着，学生“噔噔噔”下楼去了。

在等学生回来的时候，墙上的钟表嘀嗒嘀嗒走着，教授感觉比10年的时间还要漫长。办公室里，他两眼泛红，一个八尺男儿，竟然为了孩子的口粮犯了愁。

楼梯间里，再次响起了“噔噔噔”的脚步声，学生怀抱着纸箱出现在他面前，满脸堆笑地说：“老师，给！”

那天，身为老师的他第一次夸了这个学生懂事——老实说，这并不是一个十分听话的好孩子。他心里暗暗骂着自己的虚伪，为了几口面包，竟然口不对心！转念一想，他又不骂了，家里还有饿着肚子等他回家过节的孩子们。

他赶紧三步并作两步地往家走，街角处，与他熟识的花店老板拦住他，说今天是中秋节，送他一盆君子兰，让孩子新鲜新鲜。道谢后，他一手抱着一箱蛋糕，一手提着君子兰。刚一进家门，孩子们便像饿虎扑食一样把他围住，不到几分钟，蛋糕被儿女吃得还剩半箱。他看着，静静地喘着气，笑了。

还是女儿细心，送一块蛋糕到爸爸嘴边。他却说，学生请他吃过了，这些是学生送的，吃完后，还会有。

“可是，怎么能老让别人送呢？”女儿反问。

他支吾着，没有回答，忽地看见了那株君子兰。“孩子们，我们去把这束花种在院子里的空花盆里吧！”儿女欢呼着向门外走，儿子刨土，垫了一层老墙根的黑土做肥料，女儿为兰花浇了水。

一阵风吹过，翠绿的兰花叶子在风中摇曳。

女儿问他：“爸爸，兰花什么时候会开花啊？”

他愣了一下说，一年后，花就开了。

“可是，冬天马上就要到了，兰花会不会冻死？”儿子关切地问道。

他望着眼前的一对儿女和光景，哽咽着对孩子们说：“孩子们，一年后，兰花会开的。一年后，一切都会换个样子的。今后无论你们遇到怎样的困难，一定要坚持等一年，一年是足以让世界换了样子的……”

这是发生在三十多年前的一个故事，故事中的教授如今已经满头白发。几年前，教授的外孙因为高考失利到他家旅游散心，教授给小外孙讲了上面的故事，并告诉他：“不要心急，孩子，一年后，花总会开的。”

大自然的春夏秋冬有序轮回，孕育不同季节的生命，给予下一季节的希望。人生亦如四季，有春的播种与希望，有夏的热烈和奋斗，有秋的收获与温馨，也有冬的艰辛与困苦。悲喜交替，顺逆相伴，但它们都不是永恒的，终将过去。

其实有时候，人要比自己想象的坚韧得多，关键在于保持一份淡定的心态。不管遇到什么困境或磨难，都不要抱怨不公，更不要悲观厌世。

人，其实都比想象中要坚强许多。做女人要有一份淡定的心境，不管遇到了什么磨难，都不要抱怨命运不公平，也不要从此悲观绝望，厌倦世俗。在苦难的生命中，没有过不去的事，也没有跨不过去的坎儿；在人生的四季中，没有过不去的严冬，也没有盼不来的春天。

一位普通的农村妇女，经历了大半个世纪的历史变迁，活出了厚重和淡然。

成家时，她自己还是一个如花初放的大姑娘。两年后，两个女儿和一个儿子前后出生，却正赶上敌人的大扫荡。她和丈夫带着三个孩子东躲西藏，黑白无时，居无定所。村里很多人都绝望得想到了自尽，她劝慰说："别这样啊，没有过不去的坎，敌人不会永远这么猖狂的。"

终于，她盼到了抗战胜利，可是她的儿子却在炮火连天的岁月里因为缺医少药而最终病亡。丈夫被这个沉重的打击击倒，一连几天卧床不起。可实际上，没有比当妈的亲眼看着自己儿子病死更难受的了，她却流着眼泪对丈夫说："咱们的命苦，儿子没了，咱们再生一个，可日子还得过下去。"

几年后，他们又有了儿子，可就在孩子刚刚满月的第三天，她的丈夫因当时一种急症病逝。巨大的精神打击铺天盖地向她砸来，她觉得这次自己也挺不过去了。可是，看着三个未成年的孩子，最终她回过神来，把孩子们揽到自己怀里，说："别怕，娘还在呢，有娘在，谁也不敢欺负你们。"

从那以后几十年，她一个人含辛茹苦地拉扯着三个孩子，终于看到他们都长大成人了。儿女们纷纷有了自己的小家，生活安稳幸福，她逢人就乐呵呵地说："我说吧，人生没有过不去的坎，现在的生活多好呀！"

然而，这个命运多舛的女人并没有得到上苍更多的眷顾，到老也没有安享晚年。在她80岁高龄时，因为照看小孙女而不小心把腿摔折了。高龄手术的风险太大，她就一直躺在床上默默忍着。儿女们看着心疼得直哭，她却说："哭什么，我这活得不是好好的。"

80岁以后，她的行动就受了限制，老人家也不抱怨，每天就坐在炕上，戴着一副老花镜，安安静静地绣花、织围巾、做点手工艺品。街坊四邻来串门，都夸她的手艺好，还纷纷要跟她"拜师学艺"。

就这样，她一直活到了87岁。临终前，她只对儿女们说了一句话："我走了，你们要好好活，人生没有过不去的坎儿……"

她只是一个柔弱的农村女人，可却有一颗淡定而强大的内心，始终相信：世上没有过不去的坎，一切都还有希望。她用自己瘦弱的双肩扛着巨大的不幸与痛苦，带着孩子一步一步地走了过来。

人生从来没有一帆风顺，关于挫折，关于失望，关于磨难，甚至关于死亡，我们可以选择憔悴或者鲜活，躲避或者静待；一切都还来得及，关键在于我们自己。一个丰满健全的人生不是不曾受伤，而是在伤痕累累中愈合并战胜，超越了痛苦，也就超越了自己。

在淡定的等待中，时间会洗刷掉所有的悲欢离合。正如大自然有四季轮回，人生的春天也终究会来，那时的花开，将芬芳满园。

※ 鼓起勇气对自己说：我很重要

“我很困扰，会好起来吗？”

“嗯，会的，会好起来的。”

“是吗？像你一样。”

“谢谢。你越了解自己和了解自己要什么，你就越不会被困扰。”

“对。我只是不知道我应该干什么，你明白吗？我尝试写文章，但是我讨厌自己写出来的东西。我也试过拍照，但是拍出来的东西很普通。每个女孩都会经历玩摄影的阶段，比如照马，或者照你的笨脚趾。”

“你会开窍的，我可不担心你。继续写文章吧。”

“但我太平凡了。”

“平凡也不错。”

这是电影《迷失东京》中一段经典的对话，一个是年轻美丽的大学毕业生夏洛特，一个是正在遭遇中年危机的过气好莱坞影星鲍勃·哈里斯，两个迷失又孤独的人，在东京这座流光溢彩的大都市中相遇，彼此陪伴度过了生命中重要而又奇妙的几天。

鲍勃告诉夏洛特，越是了解自己的个性和需要，就越不容易被外界影响。“认识自己”向来都是人类最古老而又永恒的课题，从古希腊哲学家柏拉图提出的“人是用足走路的，无毛的动物”，到马克思用自然属性、社会属性来定义人；从古希腊石壁上的神谕“认识你自己”，到叔本华的自问“我是谁”，人类早已有了认识自己的欲望。

无论是正在寻找自己在世界中位置的年轻人，抑或是不再年轻但也想要设法知道自己是否在正确的轨道上前行，你都需要认识你自己。认识自己可以让我们看到自我的价值，从而更好地认识世界，更好地发展自己的职业和生活，更清晰地知道“我要什么”。知道自己想要什么，也许并不能完全解除我们对生活的困惑，但多少会减少人生途中遇到的许多迷茫，让我们不会轻易被外界影响，迷失自己。

认识自己的前提是了解，了解的前提是发现和接纳。很多时候，我们的忧虑和烦恼大都来自于两点：在自我设限的时间里，发现了自我的真实特征而无法接受；或者更“负做功”的是，根本没有发现真正的自己，而妄自菲薄。

这样的心理被奥地利心理学家阿德勒称为自卑。他认为每个人都不可避免地存有自卑感，只是程度不同而已。包括他自己，也有过这样的经历：阿德勒在上中学时曾一度不擅长数学，成绩一直很差。在老师和同学的消极反馈下，强化了他数学低能的印象。直到有一天，他出乎意料地发现自己竟能做出一道连老师都感到棘手的题目，才成功地改变了对自己数学低能的认识。

在《自卑与超越》一书中，阿德勒首度表达了他富有创见的观点：“人类的所有行为，都是出自‘自卑感’以及对于‘自卑感’的克服和超越。”

实际上，在我们身边，有太多的人从来没有意识到这个问题。与能做到的相比，大多数人只发展了10%的潜在能力，即使从身心两方面的总和来看，我们也只使用了很小的一部分，把自我封闭于体内极其有限的一小部分空间里。往往，我们具有连自己都不知道的各种各样的能力，却习惯性地不懂得怎么去利用。

你和我，我们都一样，也都有这样的能力。要知道，每一个人都是这个世界上的唯一，从开天辟地到现在，从来没有任何人完全跟你一样；而将来直到永远，也不可能再有一个完完全全像你的人。对此，我们应该尽量利用大自然所赋予的一切，不要再浪费任何时间去忧虑我们是不是其他的谁，充满自信地做好自己，唱自己的歌，画自己的画，做一个由我们的经验、环境和家庭所造就的独一无二的自己，这样绽放出来的美丽才拥有独特的魅力。

《圣经》里说：你在我眼里是宝贵的。是的，你很重要，你是宝贵的，你就是你能拥有的全部。你存在，才会感到整个世界的存在。你看得到阳光，才会感到整个世界看得到阳光。只有自己才能终身与你做伴。你就是自己的一切，认识自己很重要，你也是值得被自己所认识的。

英国著名演员、剧作家诺艾尔·科沃德曾经说过："我对这个世界相对而言无足轻重；另一方面，我对我自己却是举足轻重。我唯一必须一起工作、一起玩乐、一起受苦和一起享受的人就是我自己。我谨慎以对的不是他人的眼光，而是我自己的眼光。"

无独有偶，好莱坞知名导演山姆·伍德说，让他感到最头疼的事情就是每逢遇到一些年轻演员时，都要千方百计地启发他们，保持自己的本色，做自己最佳的角色。因为他知道，观众们最无法容忍的套路，恰恰是年轻演员们都愿意做的二流拉娜透纳、二流克拉克·盖博。他的经验告诉他，最好的方法就是丢开那些装腔作势的家伙；要是你亦步亦趋、人云亦云，反而有画虎不成反类犬的坏效果。为此，山姆·伍德不得不持续不断地说："你们需要更新的东西。"

就像爱默生在他那篇《论自信》的散文里所说的："在每一个人的教育过程之中，他一定会在某个时期发现，羡慕就是无知，模仿就是自杀。不论好坏，他必须保持本色。虽然在广袤的宇宙中有太多好东西，可是除非他耕作那一块给他的土地，否则他绝得不到好的收成。他所有的能力是自然界的一种新能力，除了他之外，没有人知道他能做出些什么，他能知道些什么，而这都是他必须自己去尝试求取的。"

我们每一个人都应该有勇气对自己说：我很重要。即使地位再卑微，身份再渺小，也丝毫不该影响到我们对自己的认识。重要并不是伟大的同义词，它是心灵对生命的允诺。所以说，保持一生独特魅力的方法，只有找到自己，消除自卑和忧虑，然后才会有由内而外散发出的笃定而自信的美。

※ 成为你自己是一切的前提

不久前，网络上盛传一则挺有意思的小故事，叫《缺失的一角》，它对于纠缠在完美主义里无法自拔的人来说，或许有一定启发：

一个小圆球不小心被碰掉了一块，它变得不再完美，这让它感到很自卑，一心想找回那缺失的一角。因为残缺，小圆球滚动起来非常缓慢，一路上，它与鲜花为伴，与昆虫为伍，问它们是否见过自己缺失的那部分。期间，它也找到过很多零碎的角，但都跟自己不匹配。

即使这样，小圆球也并不气馁，它想，自己本来就应该是完美的，缺了那一角就成不了圆球了，就不是自己了。为了寻找到丢失的碎片，变回完整的自己，小圆球不辞辛苦地不停滚动。终于，功夫不负有心人，在一个阳光灿烂的日子，小圆球在一片草丛中找到了自己的那块碎片，重新成为了一个完美无缺的球。

但这一回，过于圆满的它滚得太快了，以致没有时间再关心身边发生的一切，看不清周围美丽的花海，听不到虫儿的呢喃，感觉不到生活的美好。小圆球忽然觉得自己不像以前那样快乐了，整天郁郁寡欢。

意识到这一点，小圆球毅然丢掉了那块历经千辛万苦才找到的碎片，它又可以停停走走、欣赏自然的情趣了。

事事苛求完美，实际上就是在难为自己。当一切都完美无缺，再没有任何可以修补的地方时，也就无法体会到缺失的魅力和暂停的乐趣了。

生活中本来就没有什么是“必须”的，所有的“应该”和“必须”都只能让我们陷在永不满足、自怨自艾的恶性循环中。唯有从完美的画地为牢中挣脱出来，才能成为一个自然的人，流露出自己真实的一面，不伪装，不掩饰，从容地面对生活。要知道，坚强也好、脆弱也罢，都是人性中固有的一部分。反倒是刻意压抑着自然而然的流露，只会徒增烦躁，无益于身心。

淑媛，一个人如其名的女孩，某外企高管。每个工作日的早晨，尽管千万个不情愿地从床上爬起，尽管头昏脑涨，可临出门前，她还是会对着镜子挤出一个微笑。她暗示自己：我必须要精神饱满，我应该展示出自信和快乐。这些“必须”和“应该”的背后，实际上是她潜意识里的教条：“低落”是不对的，“疲倦”是不好的，“脆弱”是会被人嘲笑的。每天，淑媛都用自信的面具把自己伪装起来，示人以面，却掩藏内心。阳光的笑容后面，是几缕隐隐约约的沮丧。

即使这样，若真是在工作和生活中遇到了什么挫折，淑媛也会装作一副满不在乎的样子，始终把自己最干练、最坚强的一面展示出来，她总在心里对自己说：“我不能哭，我不能倒下，我不能那么脆弱，我必须要勇敢，要坚强。”当听到别人说“你真是个坚强的女人”“我真的很佩服你，我就做不到”时，她会感觉内心有一种优越感、成就感。但实际上，远离人群一人独处时，一股莫名的悲伤便油然而生，挥之不去。当然，第二天她还会一如既往地出现在人前，当作什么事也没有发生过。

像淑媛这样，为了完美而掩饰，为了应该而对抗，她是真的快乐，真的坚强吗？事实上，正如人们没看到的那样，她是多么脆弱和无助，也许连她自己也想知道，究竟要怎样做才能真的获得心理上的喜乐？

著名身心灵作家张德芬说过：“凡是你抗拒的，都会持续。因为当你抗拒某件事情或是某种情绪时，你会聚焦在那情绪或事件上，这样就赋予了它更多的能量，它就变得更强大了。这些负面的情绪就像黑暗一样，你驱不走它们。唯一可以做的，就是带进光来。光出现了，黑暗就消融了，这是千古不变的定律。喜悦，是消融负面情绪最好的光。”

如果一直怀疑自己、否定自己，那么生活中的一切都会受到负面的影响。所以说，一个人快乐与否，完全取决于他对待生活和自己的态度。当一个人能够从根本上接纳自己、喜欢自己时，他离幸福就不远了。这样看来，我们不一定非要刻意地去追求完美，甚至可以说，正因为有了不完美，我们才有了追寻的方向，有了努力的动力，有了生活的意义。

或许，每个人心里在不同时期都有某种声音，它时刻准备抓住我们的失误和弱点，然后做出严厉的批评，让我们背负痛苦的情绪，对自己感到失望，摧毁自信。假若能抛开这个声音，完全地接受自己，认为自己是值得爱的、有用的、乐观的，那么不管自己有多少缺陷，曾经犯过多少错误，都可以平静坦然地接受，没有丝毫抵触与怨恨地面对。

有这样一个人，他是哈佛大学组织行为学博士，是哈佛三名优秀生之一，被派往剑桥进行交换学习；任教于哈佛大学心理学系和商学院，其“积极心理学”课程，即所谓“幸福课”，选课人数超过哈佛大学历史上任何一位教授，被誉为“最受欢迎的教授”“人生导师”。为通用电气、IBM等世界500强企业的领袖及高层管理者培训，获得极高评价；因其课程具有很高的实用性和可操作性，被誉为“摸得着幸福”的心理课程。

他就是全美课酬最贵的积极心理学大师——沙哈尔。就是这样一位在世人眼中如此“完美”的人，在面对私人访谈的镜头时，没有激情澎湃，没有口若悬河，却是一副害羞腼腆的样子。他看上去那么平和而又冷静，甚至坦言道：“我曾经不快乐了三十年。”

当被问及这几十年来的经验时，沙哈尔只回答了简简单单四个字：接受自己。他说：“我没有因为自己是专家就要求自己必须‘像’专家，也不会因为腼腆害羞而自责，更不会为紧张而焦虑。面对这些具体而细微的心理情况时，我只会告诉自己，接受紧张，Ok，go ahead！”沙哈尔特别提到自己被外派培训三个月的经历，他承认自己那时一直很紧张，因为在一个新的文化环境里找不到自己的未来。他曾经希望自己像某个同事一样富有感染力，幽默洒脱，他还刻意花费心思去学习幽默模式，但事实上，这种行为和感觉让他感觉并不好，一切都做作得那么蹩脚。后来，很多人在不经意间向他透露，更喜欢他本真的样子。于是，他又做回了自己，还惊喜地发现，他比以前轻松许多。

沙哈尔的情形几乎我们每个人都遇到过，只是多数人还没有意识到，全然接受自己、悦纳自己的不完美，是可以解决很多心理问题的。往往，我们总担心没有时间没有机会再去改变什么，非要把自己逼到一点瑕疵都没有的境地上，过于关注自己的缺陷和不足，以至于眼里只有它，而全然忘记了自己还有可以发挥的优势。

生命中充满了奇迹，不管是谁，都有创造奇迹的机会。但成功和创造的前提是，你要成为你自己。如此，才能看到这个世界的更多美好和光明，才能体味到生活的愉快，才能真正地去爱，去创造生命的无限可能。

第4章

人生那么长，哪里来的错过

你曾经以为不会坚持的，不会努力的，就在你咬咬牙之后的几年，突然全部实现了；你曾经受过的伤，流过的泪，你以为不会好的痛，就在“有一天”，突然就都痊愈了。你不知道的答案，时间会告诉你。有一天，你会明白，忧伤不适合你，你只需要简单的快乐。有一天，你会庆幸，当初坚持了自己的梦，即便曾有那么多人在反对。有一天，你会坦然，心安理得地对待放弃的过往。慢慢走吧，不管现在是停留还是奔跑，只要知道，生活向前，从未错过。

※ 谁的曾经没有卑微相随

“重要的不是成功，而是作为一个普通人，你不能丧失尊严。”

2013年夏，一部《中国合伙人》让时光瞬间回到久远的年代，那些我们都曾拥有梦想的岁月。他说：“如果额头终将刻上皱纹，你只能做到，不让皱纹刻在你的心上。”他说：“失败并不可怕，害怕失败才是真正可怕，我们只有从失败中寻找胜利，在绝望中寻求希望。”

影片讲述从20世纪80年代开始以后的30年里，三个中国年轻人想通过托福去美国实现梦想的故事。他们就像飞蛾扑火一般，一心向往炽热美好，却烫成一身伤痕；退回理智后，从卑微中昂首，步步拾阶而上，最终实现梦想。

“风车在四季轮回的歌里，它天天地流转，风花雪月的诗句里，我在天天地成长……”这是一部关于青年成长的励志篇。20世纪80年代，成东青、孟晓骏、王阳，三个初出茅庐、年少稚气的年轻人，怀揣着热情和梦想，在高等学府燕京大学的校园内相遇，开始他们为了理想和追求的一场征程。

“过去的誓言，就像那课本里缤纷的书签，刻画着多少美丽的事……”出生于留学世家的孟晓骏渴望成为一支指挥棒，站在美国纽约的土地上，改变世界。浪漫自由的王阳，尽情享受改革开放初期那蓬勃激昂的青春气息。还有一个与他们都截然不同的人，成冬青，甚至可以说是他们眼中的异类。曾两次高考落榜的农村青年成冬青，带着些许土气，些许胆怯，跻身于他们的行列。但是，成东青并没有因此而卑微颓废，他以孟晓骏为目标努力求学，积极进取。

“遥远的路程，昨日的梦，以及远去的笑声，再次的见面，我们又历经了多少的路程……”三个好友最终只有孟晓骏获得了美国签证，现实和梦想的巨大差距让成冬青和王阳备受打击。原以为三人从此就各奔东西，然而现实的奇妙就在于，它的发展永远不可能听从你的指挥，按照原先预设的方向。梦寐以求的美国并没有给孟晓骏带去多少喜悦，更多的是生活考量下的无奈和妥协：多少梦想跌落进美国街角的厨房，稚气蓬勃的燕大学子成了普通的服务员。最后无奈，只得回国加入被开除公职的成冬青和王阳办起的英语培训学校。

“不再是旧日熟悉的我，有着狂热的梦；也不是旧日熟悉的你，有着依然熟悉的笑容……”三个经历过现实打压的年轻人，在找到努力的方向之后，仿佛又被注入了新的能量，开始了新的征程。孟晓骏的新潮思想与成东青的谨慎保守摩擦出了诸多分歧，更是在公司股权分制问题上闹得几近决裂。但是，这一切内部的矛盾都随着国际大环境的变动而发生着扭转。当美元贬值，他们三个人合办的英语学校被批斗成卖国学校时，成东青的担当让孟晓骏震惊，并深深意识到自己的不足。当因侵权纠纷而被起诉状告时，三个患难与共的兄弟齐力赶赴美国谈判，并最终将“新梦想”成功推进华尔街上市，市值30亿美金，成为中国第一只教育产业股。

三个普通的年轻人，因为怀有梦想，有为梦想执着努力的勇气，而最终做成了一件不普通的事。而影片中的三兄弟，其实代表的就是片尾中闪现过的众多面孔：柳传志、马云、杨澜、俞敏洪、冯仑、李开复、张朝阳……他们把曾经的过往都视为一种经历，无论卑微还是荣耀，都无法阻挡他们追梦的脚步。

2013年11月16日，正值新东方成立20周年之际，董事长俞敏洪现场致辞，讲述了关于坚持理想的力量。在俞敏洪看来，新东方现在的成绩，证明了一个卑微的人的卑微梦想，只要坚持下去，是可以实现的，新东方就是一群卑微的人实现的一个伟大的梦想。

"我的理想是从卑微开始的，从一个农村孩子卑微的希望'拔掉农根'离开农村，到最后进入北京大学；从希望成为一个北京大学的合格老师，到希望自己能够到海外读书，到海外读书失败后成立新东方；我只是希望自己的家庭能够有一些生活补贴。"

"这样的理想是一点点成长的，从最高梦想只要30万人民币，到最后我有了足够养家糊口的钱，最后把新东方带成上市公司；现在我的理想已经真的变成了希望为中国的教育和文化，为中国的进步和发展，为中国的透明和公平来贡献我自己的力量。"

俞敏洪说，也许，一切理想都有一个卑微的开始。强者在成为英雄之前，并非都是一帆风顺、扬眉吐气，更多的，是处于困境中的窘迫。而恰恰正是这些困境，成为他们日后薄发的蓄势条件。

在自然界中，有无数参天大树利用身高的优势，肆意享受着大自然的阳光雨露；同时也有一种生命在阴暗的角落里不被关注，默默生长。它们照不到阳光，成长所需的水分和养料都要靠自己努力去争取。但正因为这样，它们也就比其他向阳的生物更富有生命力，从而顽强地一点点生长，在无人注意的角落里悄悄长大，慢慢变壮。这就是有名的“蘑菇之道”。

很多时候，成长和改变总是在不知不觉中默默实现的，一时的卑微并非一世的困窘。我们不能因为道路的坑洼就拒绝前行，更不能因为地势的低谷而放弃山川大河。只有在坑洼中沉得住气，吸取教训，未来的路才能走得更加宽阔；只有在低谷中积蓄力量，有朝一日挺起腰板时视野才能更加高远。

青春是用来成长的，也是用来实现梦想的。只要我们一路不遗忘，不言弃，那么再难实现的梦想也终会有开花结果的时候。记住，真正的英雄，是弯腰不弯志；血雨腥风后并非是最终的成功，笑傲江湖才显英雄本色。

※ 选择虽有对错，但也只是一场经历

漫漫人生路，走过一程，路过一段，怀揣着“不要错过”的美好愿景，但又有谁能保证没有一点遗憾呢？错过一场精彩的演出，错过一段美丽的情缘，错过一次安稳的升职……我们可以慨叹那是生命的残缺，但当一个人静静地沉思时，往昔的点点滴滴，回放的微缩镜头，一个个温情四溢的幸福镜头，在脑海回放，只要用心体会过的人都能明白，虽然逝去，但那些恍如隔世的经历同样会把自己紧紧包围。其实人生的意义，过程比结果更重要，我们谁也无法预知结果，而过程，就是我们人生一世，走过和拥有的财富。

曾经有一位企业家告诉他，如果想创业，最好在35岁之前开始。因为那时还满怀梦想、身强力壮，更重要的是：你输得起；失败越早，东山再起的机会也就越多。

企业家只说了故事的开头，却没告诉他结局。

万事开头难，如何起步呢？这对于即将大学毕业的他而言，的确是个不小的困扰。最终，他选择先找一份工作，借助大公司的平台提升个人素养，积累工作经验，拓展人脉，为今后创业打基础。

六年后，他在“工作进展得非常顺利”的繁荣中感受到了一种危机。有时候，人的想法是会改变的。大学刚毕业那会儿，他只想找份工作，升

职加薪，求个安稳就好。但随着年龄的增长、经历的增多，他开始想放弃眼前的安稳，寻找更能实现自我价值的事情。

这时，一位曾经的合作伙伴向他推荐了一个新的创业项目。这个或许能让他发挥最大能量的项目，充满着极大诱惑，也纠结了许多担心：任何事情都是机遇与风险并存。加入创业公司，意味着放弃安逸的物质生活，卸下曾经拥有的光环，失去一些合作伙伴，离开现有的团队，踏上一条未知的旅程。

他反复考虑了很久，征求了几位朋友的意见，忽然发现，他担心的无非是这家公司失败了怎么办。而实际上，这对他来说是一桩只赚不赔的买卖。底线清楚了，思路也就清晰了。于是，在他工作第六个年头，他决定从零开始，下海创业。

如今，他的新公司已经运行了一年多，进展顺利，业绩表现甚好。虽然每天仍然会遇到新问题，但他一点也不着急，他有把握，凭借团队的力量，这些问题很快都会迎刃而解的。这是他对团队的信任，也是对自己的信心。

后来，他在朋友聚会时聊起这次而立之年的转变，颇有感触地说："在30岁左右的年纪选择转换跑道，与其说是换了一份工作，不如说是换了一种生活方式。这条路没有对错，没有公式；没人逼你做错误的事，却也没人告诉你什么是正确的事。"

的确，选择的过程，本身就是一种成长和经历。人生的每一笔经历，都在书写着你的简历。本以为微不足道的事情，回头看的时候，都有着无法细数的刻度。土耳其作家奥尔罕 · 帕慕克就说过："其实任何人在经历时，都不会知道自己正在经历一生中最幸福的时刻。”更直白地说，幸福不仅仅在于拥有什么，更在于经历着什么。

人的生命在自然界中真的如惊鸿一瞥般短暂，而在这短暂的人生旅途中，我们都在抒写着自己的人生故事，或感动，或忧伤，或喜悦，或平淡。经历的每一件事，都是我们情感的渲染，经验的总结。当有一天我们老得不能动弹的时候，回首往事便会发现，经历，就是我们走过一世的印证和财富。

正如普希金的那首诗中所写：“假如生活欺骗了你，不要悲伤，不要心急！忧郁的日子里需要镇静；相信吧，快乐的日子将会来临。心儿永远向往着未来，现在却常是忧郁；一切都是瞬息，一切都将会过去；而那过去了的，就会成为亲切的怀恋。”

非儿知道，她与雅健的情缘，就像一朵用爱情之水精心浇灌的花儿，总在每一个思念的季节静静绽放，含苞羞涩，娇艳欲滴。

即使在现实中非儿无法去靠近雅健，她也依然执着地在心里默默想念、关注着他；纵然很久都没有雅健的丁点消息，非儿还是习惯在每次上线时打开有他的那个分组，看看雅健的头像是否亮起；哪怕她知道，雅健可能不会理睬，她也总是习惯点开他的对话框，送去轻轻的问候，就算石沉大海，她也会微微一笑，兀自回味，回味她和雅健在一起的每一个细微的画面，每一句温馨的话语。

非儿又怎会不知，梦终究是梦，不如伴着一份逝去的记忆，用心感悟生活的点滴柔情，经历了就有意义，不急着后悔，不急着期许，或许，这才是人生的真谛。

其实非儿是幸福的，她仿佛在编写一个剧本，雅健是她笔下的男主人公，而她自己作为故事的另一半，来构成一幅幅魂牵梦萦的画面。轻碰每一个人生触点，都会绽放五彩的烟花，而每一朵烟花里，都有她曾经的过往和不同的经历，足够一生珍藏了。

也许现在的你想要对十年后的自己大声呼喊，要幸福啊；或者，你会沉静，会低头默念，想要祝福现在的你，要快乐啊。但是这些都不再重要，生活是向前看的，选择没有对错，只是一场经历；过去的是沉淀，未来的，也还来得及。

想要去哪儿，要看哪些风景，要怎样的生活，要成为怎样的人，要不要继续坚持，要不要就此放弃……你不知道的答案，时间会告诉你。终有一天你会明白，忧伤不适合你，你只需要简单的快乐；有一天你会清楚，安静才是你的归属，喧嚣只会让你烦恼；有一天你会看到，西藏的纯净，云南的安然，台湾的别样。有一天你会感谢，时间的治愈和它完美的设计。

慢慢走吧，不管现在是停留还是奔跑，只要知道，此时的对错并非固定，不念过去不畏将来，前面的路，永无止境。

※ 不是每一件事都要“有意义”

套用林语堂先生的话，可以说：“不管在什么情况下，‘意义’都是一种秘密。”

英国广播公司有一部叫作《保住面子》的情景剧，讲述了一个挺有意思的故事：巴凯特，一个中产家庭主妇，眼睛总是盯着邻居家的生活，只要谁家有了新的进项，获了新的荣誉，她心里就觉得别扭，好像自己整个生活都失去了重心，变得毫无意义。没过多久，这个对门搬走了，新来的邻居没有之前那么幸运，整天病魔缠身，还总是倒霉散财。这样一来，巴凯特又觉得自己的生活很幸福了，生命的意义仿佛一下子又回来了。

与富裕的邻居相比，巴凯特总觉得自己的生活不幸福，没有丝毫意义；然而，当她看到身边尽是又生病又破财的人时，她又觉得自己很幸福。其实我们都知道，巴凯特的境遇从始至终没有发生任何变化，不一样的只是比较的对象，和内心的感受罢了。

在“意义”二字上纠缠不放，无异于在心里给自己系上了一个结，散解不开。说到底，意义终归是人为赋予的主观意识，是极其私人化的概念，又怎能当成普及四海皆准的标尺呢？要知道，不是每一件事都要有意义，更不是每一个意义都要有一个参照系。比如，活出真我风采，是人生意义？或者坐拥财富之城，是人生意义？抑或阅人无数、行路万里，才是人生意义？好像都是，好像又都不是。

穷是过，富也是过；顺境一时，逆境也一时；辉煌是一生，黯淡也是一生；乐观一世，悲观也是一世……活着就要好好活着，没必要强加进一个意义徒增压力，自己跟自己较劲。从容、达观、随性，不激进，不强求，如此，人生自有芬芳自是春。

这些，又和意义何干？

意义，有时是一道虚假的反光，顺着它指引的方向走，反倒南辕北辙，越走越远。意义可以事后贴金，也可以是总结报告里的贺词，但不存在于清醒、睿智的头脑当中。因为，每个人都有自己的生活方式与态度，都有自己的评价标准。我们可以参照别人的方式、方法、态度来确定自己的行动方略，但万不可生活在别人的目光下。一个活在别人标准和眼光中的人，往往只能在比对中或得意或失落，但从来都不曾体会过展现自我的快乐。

郎朗成功了，有人以为他就是自己的意义所在。于是，他们在黑白琴键上疯狂地透支生命，最终收效甚微、迷失方向，落得一场得不偿失的人生悔悟。韩寒写作成功、丁俊晖举杆成名、李娜挥拍耀世、旭日阳刚一唱圆梦……每一个成功者的背后总有一群寻梦者在追随，并且认定这才是最有意义的。

人生有意义，成功无捷径。然而可叹可悲的是，在跟随的道路上，天才创造了惊世奇迹，大多数跟随者只将时光虚掷。终归是那句：成功不是嫁接，意义并非硬套，不是每件事都非要有意义不可。

很多时候，我们内心的满足来自于别人目光折射回来的色彩基调：别人羡慕我们，自己就感到很满足；别人觉得她们自己很幸福，我们就会拿自己的生活与之相比。将自己的生活放置在别人的标准和意义中，漫漫人生一路走来，该是怎样的悲哀和痛苦。当我们总是把“别人的意义”作为终极目标时，就会陷入物欲设下的圈套。如同童话里的红舞鞋，漂亮、妖艳而充满诱惑，一旦穿上，就再也脱不下来。我们疯狂地转动舞步，一刻不停，尽管内心充满疲惫和厌倦，但脸上依然还要挂出幸福的微笑。当我们在众人的喝彩声中终于以一个优美的姿势为人生画上句号时，才发觉这一路的风光和掌声，带来的竟然只是说不出的空虚和疲惫。

意义就像旅行的目的地，真正带给我们满足的不是目的地的抵达，而是沿途欣赏风景、体验人情的经历。过程中有了喜怒哀乐，目的地到没到达，都不会抹杀掉曾经的美妙，影响涤荡心灵的“意义”。

一个师范大学大四的男孩，历时半个月，行程3700多公里，搭了25辆顺风车，从南京回到乌鲁木齐的家。他的浪漫与风险相随的壮举，在网络上飞溅起无数浪花。有人将此上升为“检测中国人信任感的行为艺术”。面对这样的高度，他回应说：“不是每件事都非要有意义。”

周国平在《灵魂只能独行》中写过：“灵魂永远只能独行，即使两人相爱，他们的灵魂也无法同行。世间最动人的爱不仅仅是一颗独行的灵魂与另一颗独行的灵魂之间最深切的呼唤与应答。灵魂的行走，只有一个目标，就是寻找上帝。灵魂之所以只能独行，是因为每一个人只有自己寻找，才能找到他的上帝。”

是的，即使“走遍了全世界，也不过是想找一条走向内心的路。”幸福如人饮水，冷暖自知。你不是我，怎知我走过的路，看过的风景，和心中的苦与乐。站在山上放眼眺望山河的行者，背着一个行囊走走停停，让自然的风光洗刷掉内心的阴霾，那是他的快意人生；山间汗流浃背的挑夫，趁着歇息的工夫，拿草帽当扇，饮一口小酒，吃几粒花生，那是他的悠然自得。生活就像鞋子，别人眼里看到的永远只是款式和颜色，舒不舒服，只有脚最清楚。

看看大自然中的一切我们便会明白，真实导向美丽，经历成就意义。一泓静谧的湖泊，没有飞流直下的气势，也鲜有辽阔无垠的广域，却仍旧安然地守望着一方幽蓝；一朵洁白的云彩，没有太阳的耀眼光芒，也没有彩虹的灿烂色彩，却依然自在地漂游着一片纯净。有的鼎沸，有的安详；有的华丽，有的淡雅。人生如是，不必预先设置那些外在的意义，顺其自然，浑然天成，便是对心灵最诚实的交代，便没有错过属于你的一生。

※ 温柔要有，但绝不妥协

我们要在安静中，不慌不忙地坚强。

生命中有太多的挫折，让我们来不及去消化，它无声无息地来了。或许是在安静中，或许是在喧闹中，或许我们正处在兴奋中，或许我们正在欢呼，下一秒它便向我们袭来，就像我们正在庆祝高考结束的时候，殊不知，我们即将离开校园，以后便要各自天涯，以后要如何相聚，又是失意。而我们要做的是安静下来，不慌不忙地坚强，要知道天下没有不散的宴席。有缘便会相聚，无缘，我们注定错过。

我们要在安静中，不慌不忙地坚强。

安静是一种状态，要的是君子厚积而薄发，要默默地接受蜕变，也许我们高飞的翅膀还稚嫩，那么我们就去收集力量吧。也许此刻我们会被打败，但是最后谁是胜者还不一定呢。今天也许我们总是受到压制，受到不公平的对待，但是我们可以暂时隐忍，卧薪尝胆，不慌不忙地积累力量，当我们哪一天强大的时候，我们就可以当强者，我们便收获坚强。就像蒙古包，看起来虽小，但是，撑起来，却是可以包容比它强大的东西。

我们要在安静中，不慌不忙地坚强。

不要在意别人的评判和议论，因为这些言语除了可能扰乱你的心之外，再无其他益处。理解你的人，不需要解释；不理解你的人，多说无用。每个季节都有它的故事，亦如每个人都有自己的人生。别让过去的悲催或者未来的忧虑，毁掉当下的快乐。总有一段路需要一个人走，那就勇敢地漫步，找寻最真实的自己，和最真实的生活。

作为一个马上“奔三”的女孩，没有稳定的职业，没有遮风避雨的家庭，很多时候会受到周围人各种各样的眼神和指责，她自然也不例外。女孩子一大，那些无穷无尽的“应该”就劈头盖脸地围在她身边：“你应该有个稳定的职业，你应该结婚了，你应该在家相夫教子……”对此，她唯一的回应是：这一切本身并没有错，如果不加上那么多的应该。

曾经，她因为拒绝父母托关系、找熟人争取到的高收入的企业单位“金饭碗”，拒绝有车有房可以结婚的“经济适用男”，毅然决然想走出去看看，而和父母吵得不可开交。那时候的她身心俱疲，想不明白为什么想过自己的生活就那么难，为什么想要争取自己的梦想就被说成是大逆不道。她只是想去追寻自己的内心，为什么会有那么多的指责和不解？

好在，她终究是走了出去，两年的时间里，她游走在世界的不同角落，体验不同的生活，经历不同的人和事。她越发肯定地告诉自己，只是不愿做世俗眼光下的牺牲品，只是想要自己的自由，没有错。

回来后，她在自己的博客上写道：“究竟什么样的人生才有价值，我想了很多年，终于明白，就是实现一个梦想，一生，实现一个梦想就足够了，即使明天真是世界末日，你也会微笑迎接最后一天的朝阳，并且毫无遗憾地微笑着死去。”

走出去又走回来的人都说，在路上不是目的，它只是人生的一个起点。就像卢梭所说，不是爱情，不是金钱，不是名誉，不是公平……请给我真理。我们应该有勇气去面对真实的内心，即使前面荆棘满地，也不要妥协；走下去，直至找到未知的自己。

人生总有蒙尘的时候，生命中不可能每一天都是通透晶莹的。谁都想拥有属于自己的清透，谁都想拥有至纯至善的岁月。然而，当尘埃沉落在我们生命中的点点滴滴时，当岁月蒙上一层细细的微尘时，请记得，要学会微笑着轻轻拭去，然后还岁月于清透。

侯叶轩，名牌大学法学院的优秀毕业生，不到25岁就已经是律师事务所的骨干，在一片有为青年圈里也属于“不差钱儿”的。然而他却说，“在上学和上班之后还想过另一种生活”，于是，有了那次“A trip without a return ticket”的旅行。

13个月后，他从玻利维亚高原回来。在侯叶轩的旅行日记中，他写道：“真的出了门儿，每天都有不同的风景、不同的食物、不同的床、不同的神人和动物走进你的生活，你觉得‘平平淡淡才是真’是骗人的，精精彩彩同样真实而美好。当你不再是商品的时候，你的心变得敏感，你脑子里缺的弦儿身上少的筋都连上了，每天的生活满是感慨、赞叹、梦和梦的实现。你开始匪夷所思地热爱生活，热爱世界，热爱一切可以热爱的东西。你想从此四海为家，走遍地球的每个角落，你彻底跳出了几乎一切的束缚。”

就这样满载着各种欢愉，在度过了人生中最美好的13个月后，叶轩回到了家。可慢慢的，他发现回来的生活里开始有了各种落差：缺少互动和体验的交流，费解异类的眼神，以及朋友中月收入比他多一个零的不在少数。他用13个月的时间拥抱世界所获得的平和以及新的价值观开始流失和动摇，他似乎还没走回来。

最终，他写下了这样一段话："在五千块和五万块之间，在平均每天工作两三个小时和8～24小时之间，在朝不保夕的小自由职业者和金领之间，在偶尔可以不插电生活和时时被黑莓电脑手机纠缠之间，在爷爷留下的旧羽绒服和阿玛尼之间，在随时可以抬屁股就走的自由身和看老板眼色之间，在做自己和做别人眼中的自己之间，在心灵的家园和俗世中的位置之间，在少数人懂你和多数人懂你之间……这样的选择可以很困难，也可以简单到不能算选择，这要看谁是那个做选择的人。我个人觉得值得尝试，人活一辈子，怎么也得体验一把什么叫'铺天盖地的自由'吧？"

我们每个人的人生都是不同的棋盘，没有人可以把每一盘棋都下好，也没有人能准确地知道他人棋盘的样子。在棋盘上，往往是旁观者清；而在生命的长路中，却是谁走谁知道。个体的体验都是私人化的，只有一点不变：所有的经历都是为了找到那个最真实的自我，不必悲壮上路，可以不慌不忙，却一定要坚持不懈，不可复制。

※ 人生中有些弯路一定得走

在青春的路口，曾经有那么一条路若隐若现，召唤着我。

母亲拦着我："那条路走不得。"

我不信。

"我是从那条路走过来的，你为什么不信呢？"

"既然你能从那条路走过来，我为什么不能？"

"我不想让你走弯路。"

"但是我喜欢，我也不怕。"

母亲心疼地看了我好久，然后叹口气："好吧！你这个倔强的孩子，那条路很难走，一路小心！"

上路后，我发现母亲没有骗我，那条路确实是条弯路，我碰壁，摔跟头，有时碰得头破血流。但我不停地走，终于走过来了。

坐下来喘息的时候，我看到了一个朋友，自然很年轻，正站在我当年的路口，我忍不住喊："那条路走不得！"

她不信。

"我母亲就是从那条路走过来的，我也是。"

"既然你们都可以走过来，我为什么不能？"

"我不想让你走同样的弯路。"

“但是我喜欢！”

我看了看她，看了看自己，然后笑了：“一路小心。”

我很感激她，她让我发现了自己不再年轻，已经开始扮演“过来人”的角色，同时患有“过来人”常患的“拦路癖”。

在人生的路上，有一条路每个人都非走不可，那就是年轻时候的弯路，不摔跟头，不碰壁，不碰个头破血流，怎能炼出钢筋铁骨，怎么才能长大呢？

以上这段文字，是节选自一代才女张爱玲的一篇文章，题目就叫《非走不可的弯路》。在成长的路途中，总有一些好心人提醒我们，劝说我们，那条路行不通，要走这边。但张爱玲用她灵动的笔告诉世人，“有一条路每个人非走不可，那是年轻时候的弯路。”

在世人印象中，弯路并不招人喜欢，往往弯路前面还会竖立起“前方弯路，请小心驾驶”的提示牌。然而，大自然中存在的万物却蕴含着另一番道理：你是否注意过，溪水从来都不是一路笔直而下，总是弯弯曲曲？它一路欢歌流淌，沿着它奔跑的方向，留下了动人的图景；你是否注意到，上山的小路从来都不是一马平川而是蜿蜒曲折？它如蟒蛇一般缠绕在山间，因势而动，给人以惊心动魄的震撼。

自然界中没有一通到底的顺畅，往往蜿蜒盘旋之处才有落英缤纷之景。人们似乎也逐渐从大自然中汲取到了一些“人生养分”：一位学交通管理的朋友说，在设计高速公路时，并非笔直如射线的道路就是可取的，有时候某段路太直了，还必须要人为地拐点弯。这段人为设计的弯路，姑且就叫“必要的弯路”。这是因为，太过笔直的路会导致人们习惯性地加速再加速，放松意识，从而频发交通事故，反倒是欲速则不达了。在高速公路上人为地设计出一些弯路，就是要告诉司机，高速路不光是一路畅通到底，也有弯道，头脑中始终要绷紧安全的弦，谨慎驾驶，从而有效降低事故风险。

每一程的人生里都有一条弯路，珍惜每一次转弯，它是年少时的胆大妄为，记录着我们成长的印迹；它是学生时代的贪玩本性，用成绩单上的红色数字警示我们；它是长大后的暂时失败，把经验铭刻我们的心底；它是我们走出坎坷、奋然前进的动力，重新将人生引上正确的航线。

也许，的确还有更好的路，但事前却真的很难判断哪一条路是最优的。我们能做到的，就是沿着一条路一直走下去，在深入的过程中总会有意想不到的收获。哪有什么一步到位的捷径，若是没有弯路的“徒劳”，我们又怎么能辨别出正确的方向？哪怕一时间你感到什么都失去的时候，也请记住，“我已经爱过，恨过，欢笑过，哭泣过，体味过，彻悟过……只要我认真地活过，无愧地付出过，人们将无权耻笑我是入不敷出的傻瓜，也不必用他的尺度来衡量我的值得或者不值得。”

所以，对于前途中那些未知的弯路，因为它的“必须”，也就不必胆战心惊、踯躅不前。弯路上的峰回路转，曲折时的曲径通幽，都无时无刻地提醒着人们失望与希望的辩证。在一片云淡风轻中，各处景色尽收眼底，每一处都有其独特的美丽。

周末，她和朋友一起去郊外爬山。山并不高，却十分陡峭。上山的路有两条，一条是盘山公路，从山脚蜿蜒到山顶；另一条是笔直的云梯，比盘山公路少了多一半的路程。

山脚下，她和朋友选择了两条路：她走云梯，朋友走盘山公路，约定好在山顶会和。出发时，她还暗自埋怨朋友犯傻，有近道不走，偏要绕弯路。

沿着云梯，她一阶一阶地向山顶赶去，一路上，两旁除了杂草就是参天大树，头顶上的天被遮住得只有巴掌大。路倒是很直，没一会儿工夫她就爬到了山顶。

半个小时后，朋友不急不缓地上来了，见她在凉亭坐着，一步上去便说："太可惜了，你没和我走盘山公路！这一路上，东面是楼群林立的市区，南面有如镜般的湖泊，北面，一望无际的金黄麦地简直太迷人了……看着这些，我的心情越来越辽阔，越来越欢快。"

她不以为然地听着，那条路上真的能看到那么多美丽的风景吗？她决定下山时和朋友一起走盘山公路。

果然，下山时，天高气爽，城市、田野、山村、河流，尽收眼底，每一处都有独特的美丽让人流连。她这才感受到，爬山不仅是为了登顶，更是欣赏沿途的风景。

人生也应如此，多些弯路，也多些美感。不要怕走弯路，经历过酸甜苦辣的人生才是一种完整。就像法国作家司汤达生前给自己写的墓志铭所说："亨利·贝尔，米兰人。活过、爱过、写过。"无论岁月的刀尖怎样划过，终究不会隐没那些当时看来辛酸苦痛、事后回忆温暖光鲜的经历。

每个人的青春里都有一条弯路，如果你现在正走在一条看起来没有未来的弯路上，别着急，别担心，你只有一直走下去，才会明白自己想要的是什么。那些曾经的未知，无人可替代，无人可帮助；即使一无所有，还有未来在。

※ 那些错误，不过是成功的伏笔

一个因害怕失败而不敢开始的人，就好像农夫担心自然灾害而不播种，是有违生命的自然规律的。

春耕时节，人们都在地里忙着播种，只有一个农夫每天什么都不做，闲散着大把时间。这引来了人们的羡慕和好奇：“这么快你就把麦子都种完了？”

农夫摇摇头：“没有，我担心天不下雨，辛辛苦苦种下去的籽也都长不起来。”

又有人问：“那你种棉花了？”

农夫还是摇头：“没有，去年闹虫灾，我哪还敢种棉花！”

人们不禁追问道：“那你种了什么？”

农夫两手一摊，回答说：“什么也没种，我要确保安全。”

可想而知，等到再次农忙收获的时候，农夫只有“望麦兴叹”、空空如也了。

我们谁也不知道未来是长是短、是险是安，只是有一点，当回避了危机、放弃了尝试，也就等于放弃了学习、改变、成长和生活。这无异于被自己的态度所捆绑，成为丧失了自由的奴隶。

我们或许会爱错人，或许会为不值得的事痛哭流涕，但有一点是确信无疑的，那就是错误可以帮助我们找到正确，让下一次做得更好。每一次成功都要经历过失败的洗礼，每一次失败都会送你走上成功的殿堂。我们不能沉湎于自己曾经的错误和痛苦中，你只活在此时此刻，而且也有能力让今天变得与众不同，更有能力去开创美好的未来。要记得，人生所经历的每一件事情都是为未来的某个时刻埋好了伏笔。

只有主动出击，勇敢地抓住机遇，才能使自己脱颖而出，获得意想不到的成绩。甚至可以说，有时候当我们自己也不知道有几分把握时，勇气往往会帮助我们成就许多事情。勇敢去尝试，即使犯了一些错误，也要比什么事都不做强。因为，令人们感到悔恨不已的，往往不是做过的事，而是那些从未做过的。

人类在婴儿时期的蹒跚学步，就是通过不断尝试和犯错来学会走路的。当我们第一次努力尝试着站起，迈开脚步时，无疑，是摔倒了并重新回到了爬行。但我们不会去在意这个结果，没过多久，对摔跤的恐惧也烟消云散。我们不断地再次起身又再次摔倒，终于可以摇摇晃晃地站直了。即使这样，接下来无数次的摔跤也是不可避免的。可是，那时还不懂什么叫失败的我们没有负担，没有恐惧，有的只是一种对生命本能的尝试，这让我们终于可以顺利地直立行走。

其实，我们的本性是在没有恐惧的前提下去行动的。只是，由于在成长的过程中，我们学会了谨慎，学会了考量，在思前想后、反复衡量中，便不知不觉地陷入恐惧的错觉。它告诉我们失败是有可能的，而失败则意味着我们毫无价值。

殊不知，我们忽略了自身另一项本能的存在：每当尝试行动，而后失败了的时候，我们总会下意识地去选择另外一条路。与其判断某些结果是否失败，不如在过程中总结教训，在细节中寻找答案：“我从行不通的那条路上学到了什么？”“这件事能解释我之前无法解释的事情吗？”“我从中发现了什么意料之外的东西？”

比如第一架飞机的产生，就是怀特兄弟在反复“错误”的试验中摸索出来的。起初，被政府批准试飞的并不是怀特兄弟，而是一位由政府资助的首席科学家，塞缪尔·皮尔庞特·兰利。在众目睽睽之下，兰利的飞行器垂直落到了波托马克河湍急的水流中。九天后，怀特兄弟开始制作第一架飞机。

很多人不解：为什么一位有名的科学家会失败，而两位自行车机修工能取得成功呢？多少年后，人们在研究怀特兄弟的日记时，找到了答案：整整一本日记，得出的每一个理论都是与实践紧密相连的。多年来，当他们解决比如翼型和翘曲机翼的问题时，他们犯的错误让他们做了某些调整，而从中获得的见识也越来越广泛。的确，怀特兄弟的许多错误都导致了不可预期的结果，但反过来，却也让他们获得了许多意想不到的发现，从而制作出能够成功飞上天的雏形。

生活中本就充满着矛盾，成功就是从无数次失败中学习总结而来。享誉全球的“汽车大王”亨利·福特曾经创办过两个汽车公司，均以失败告终。而恰恰是从这些失败中学会的一切，使他成为世界上第一个在汽车生产上运用装配流水线的人。托马斯·爱迪生有过将近1600次的试验之后，才真正发明电灯并使之大放光明。他把上千次的失败结果都记录下来，据此调整，继而不断尝试。他告诉世人，自己从未失败过，只是在最后一次成功之前知道了一千多种行不通的方法。

当我们尝试去做一些事情时，发现结果并非预期所想，但同时却从中发现了乐趣，这才是“错误”最具创造力的行为。往往，出乎意料的方式才是创造性思维的最高形式。美国物理学家威廉·肖克利把这形容成是一个“具有创造性失效的”过程。

一位来自杜邦公司的化学家罗伊普伦基特最初想发明一种新的冷却剂，可没想到，结果出来的却是一团白色光滑的材料，可以用来传热且不会黏结到物体表面。因为这种“意外的”材质，他放弃了原有的研究领域，立即投入这个有趣的材料中，不断实验，最终制造出了家喻户晓的“特氟隆”。

另外，对电磁规律的发现也能称为一次“失败的”实验。1820年，奥斯特在某公开演讲中第一次提到电学与磁学的关系，他认为电与磁是完全独立的现象，信誓旦旦地要证明这个“众所周知的事实”。但是，这次试验失败了——电流具有磁效应。这个结果被奥斯特敏锐地观察到，并客观、科学地承认它的存在，由此做完后续研究并公开发表新的结论。正是奥斯特这些新的实验结果，让后来的麦克斯维尔扩展了牛顿的建模方法，以及在机械世界与可视世界中数学分析的方法，为现代电学和电子学开启了一扇崭新的大门。

茫茫世界风云变幻，漠漠人生沉浮不定，而未来的风景却隐藏在迷雾中。要知道，向哪里进发都会有坎坷的山路，也会有阴晦的沼泽；虽然有深一脚浅一脚的危险，但人生之路那么长，又何必在意眼前一次的错落呢？

※ 你欠缺一个“失去”的机会

张小娴曾经说过：“我们害怕岁月，却不知道活着是多么的可喜。我们认为生存已经没意思，许多人却正在生死之间挣扎。什么时候，我们才肯为自己拥有的一切满怀感激？”

就像一篇名为《自杀俱乐部》的荒诞小说里所讲的内容一样：

一个专门为准备自杀的人服务的俱乐部，它让想自杀的人在这之前享受所有的人间快乐。有两个想轻生的青年男女在这里相遇，在享乐人间快乐的过程中他们又相爱了。不知不觉中，他们都认识到自己原先的想法是多么愚蠢，并准备放弃自杀的念头而继续活下去。可惜的是，毒气已经放了出来，生死已经由不得他们。在死亡面前，人生的一切真谛都突现在脑海中，但残酷的现实是：虽已大彻大悟，但一切为时已晚。

人性的一个共同弱点就是，对没有得到的东西心驰神往，而对现有的却视而不见。只有在失去自己现在所拥有的东西时，才倍感它的珍贵与不可替代。这篇荒诞小说虽然离奇，却仍然让人欷歔感叹。

生活中我们大概都有过这样的经历：和久违的朋友见面，本来只是轻松叙旧的谈话，聊着聊着就不知不觉地变成了“吐槽大会”。有抱怨本来到手的机会被竞争对手暗中操作横刀夺去的，有吐槽某人一无是处，却因家里关系直接拿到某中字头央企录用通知书的；即使同样是考研，有的人每天早出晚归，长达十几个小时的自习，也未必能考上，有的人早已找好门路几乎十拿九稳；即使同样是出国，有的人一点一点地积攒研究跟实习经验，被各类文书折磨得死去活来，有的人大手一挥往某家外资银行存入一大笔现金，轻轻松松就拿到该银行的推荐信和实习证明。

就是这样，现实生活有时残忍得可怕，却叫你不得不直视。很多时候，明明已经使尽全力，却还是会感到巨大的无助。得不到的时候战战兢兢，生怕自己还没强大到足以匹配想要的东西；得到了之后更加如履薄冰，拥有的不多只会更加不舍得失去。

某心理网站的子论坛上，有这样一篇帖子获得了很高的点击量，并被版主贴上了“精华”的标识，其中的文字道出了许多人的心声：

有人说，早在游戏之初，你的属性就规定了你就算能量满血，也不够人家的一半，又怎么可能比得过人家！可是在最初被规定的项目里，除了属性之外，还有不能够轻易离开这局游戏——那就只能让自己好好去享受。每一次打怪都是一次历练，也许打够一百只小怪兽还是不能够达到想要去的地方，但也不能因此半路就返航。就像有人总埋怨现在奇葩横行，极品当道，可是这世界的规律，本来就没有人理应遇到和善明理的人。碰到好运跟善意，是值得万分感恩的福分，自当好好珍惜；如果没有碰到，原本也是再自然不过的事情。

写这个帖子的人应该是体验过阳光灿烂的美好，也经历过暗无天日的糟心。他说，在年底逼近，回家过年的氛围慢慢浓厚的晚上，深夜加班回去，在公交车上跟家人通电话，听他们絮叨些家长里短的小事，会觉得自己也是被爱着的，被需要着的，在这偌大的世界中，一下子就很安心。

文章的结尾，这样一句话被标为粗体，异常醒目：“要求不高就容易养活，穿得暖吃得饱睡得好就很满足。还是那句老掉牙的话：拥有的都是侥幸，失去的都是人生。做个容易被取悦的人，有人爱着，有人可爱，还活着，还有希望，就很庆幸。”

我们时常会有这样的错觉：得不到的才越珍贵，已经拥有的，都很廉价。得不到的，因为缺少深入的了解，使它一直保持着一种美好的假象，展示给我们一个绚丽的外表。如果有一天你距离它近了看清了真相，你才发现，它和我们拥有的竟是那么相似。别再把眼光停留在想象中，你拥有的都是你的幸福。

有一个家财万贯的富翁，凡是能用钱买来的东西，他一点都不吝啬地买回来享受。只是，除了一掷千金的快感之外，他觉得自己一点也不幸福。这让他十分不解。

就在这种困惑的日子里，有一天富翁突然想出了一个主意：将家中所有贵重物品、首饰、黄金、珠宝通通装入一个大袋子中，开始去旅行，他决定只要谁可以告诉他幸福的方法，他就把整个袋子送给谁。

时间一天一天地过去了，眼看一个多月过去了，富翁也离开家走了很多地方，可仍然没有找到他心目中的“大师”。这天，途经一个小村庄，村民知道了富翁的来意，便好心告诉他离此不远处有一位老师傅，如果他也没办法的话，恐怕世间再无人可解。

富翁非常激动，谢过村民后直奔那位老师傅的住处。果然，他如愿以偿地见到了“大师”。富翁上前开门见山地说：“我只有一个目的，只要你能告诉我幸福的方法，我一生的财产都在这个袋子里，全都送给你！”

此时天色已晚，趁着黑夜，老师傅抓起富翁手上的袋子就往外跑去。还没等富翁反应过来，老师傅早就消失在夜色之中了。惊呆了的富翁这时才意识到自己被骗了，一路又喊又叫地追了出去。可毕竟人生地不熟，没跑多远就迷了路。

第二天，正当富翁几近绝望的时候，老师傅奇迹般地出现在他面前，手里拎着昨天拿走的袋子。富翁见到失而复得的袋子，一把抓过来抱在怀里直说：太好了，太好了！

此时，老师傅笑笑，不慌不忙地问富翁："你现在感觉如何？幸福吗？"

"幸福！我觉得自己真的太幸福了！"

老师傅解开了谜底："其实这并不是什么特别的方法。只是人们对于自己所拥有的一切都视为理所当然，所以不觉得幸福。其实你现在怀里所抱的袋子与之前的是同一个，你欠缺的只是一个失去的机会，这样你马上就会知道你所拥有的有多重要。现在，你还愿意把它送给我吗？"

反观一下我们自己，是不是多多少少也都和这个富翁一样，当失去或缺乏某些东西时念念不忘，一旦拥有了又容易忽视它的存在？或许，我们每个人欠缺的，都是一个失去的机会。

第5章

穿过时光的岁月，云淡也风轻

《幸与不幸都是福》这本书里这样说过：“人最大的不幸，就是不知道自己是幸福的。我们很少想到自己还拥有什么，对于失去的、欠缺的却一直念念不忘。所以说，上天为了要使我们有看见的能力，就安排了各种失去的课程。借由失去，让人学习‘看见’的能力——看见自己拥有的幸福。”在每个人的青涩年华里，都曾经盛放着那些执迷不悟的花，有些辗转飘零，有些日渐凋谢。但有一件事你必须承认：你已长大，你将老去。博大可以稀释忧愁，宁静能够驱散困惑。让自己拥有一个容纳百川的胸怀，不悲喜，不动怒，不怨恨；心存感激，时刻微笑。行到水穷处，坐看云起时；冰消雪融，草长莺飞。

※ 人生本如此，咸淡两由之

弘一大师有一次去拜访友人，吃饭时只让朋友准备了一碟酱腌萝卜，一杯白水和一碗米饭。毕竟是客，老友哪里肯干，一再想要给他再添些菜，但也一再被弘一大师谢绝。没办法，友人好奇地问："你不嫌腌萝卜咸，白开水淡？"弘一大师笑笑，对友人说："这咸有咸滋味，淡有淡味道。"

后来，画坛大师丰子恺听说此事，有感而发写下两句话："人生本如此，咸淡两由之。"

红尘滚滚，你是否曾仔细品味过这"淡"的滋味呢？就好像吃腻了鱼肉荤炸、油腻厚味后，最后想的还是一个"淡"味，是一碗白米饭、一盘白菜豆腐的味道。

淡，并不是平淡无味，而是有取有舍，有收有放，有得有失；是经历过酸甜苦辣咸之后的一种淡然和洒脱，是人生中留味最深、回味最远的味道。

著名京剧表演艺术家、国画家宋宝罗先生，2006年被评为"全国健康老人"。时年90高龄的老人依然身体健康，腰背笔挺，在谈及养生经验时，道出了一连串的"不"：不抽烟、不饮酒、不厌食、不挑食、不信补品、不吃补品；做演员，不走穴；绘书画，不卖钱；做常人，不迷信。

90岁后，因眼力、体力所限，老人虽然不再篆刻，但每天的书画还是必不可少。每天磨墨半小时，作画两小时，不仅可以疏通血脉，运动关节，而且作画时精力集中、全神贯注，烦心气事早就烟消云散，身体自然会好起来。宋老开玩笑地说："我不仅是杭州市十佳健康老人，还是全省十佳健康老人，现在又要推我当全国百佳健康老人。那么多帽子压在我头上，头痛病又要犯啦。"宋老的幽默豁达可见一斑。他认为，"淡泊以明志"是人生的最高境界，说白了就是想得开，放得下，做人要"没心没肺"；"淡不是平淡，是绚烂至极也"。

"淡泊以明志，宁静以致远"，这是我们中华民族的传统古训。虚名乃是身外物，无论浮华劳碌，都保持一种恬淡悠然的心境，才会体味到真正的悠然乐趣，才是真正的颐养性情。一代国学大师季羡林先生一生治学无数，他的思想深邃如书，读之使人明智，而他的品格又像一目见底的清水，大德大智隐于无形。如季老自己所说："我这一生，同别人差不多，阳关大道，独木小桥，都走过跨过，坎坎坷坷，弯弯曲曲，一路走了过来。"

2007年，95岁高龄的季老先生再次推出20多万字的大作《病榻杂记》，收录了季羡林先生自2001年以来、特别是自2003年住院以来撰写的90多篇文章。这位享誉海内外的国学大师被世人称为"学界泰斗""国宝"。但在《病榻杂记》中，季先生在经过一番认真思考和比较之后，在病榻上以《辞"国学大师"》《辞"学界泰斗"》《辞"国宝"》三节内容，昭告天下：把这三顶别人加在他脑袋上的桂冠统统摘下来，"三顶桂冠一摘，还了我一个自由自在身。身上的泡沫洗掉了，露出了真面目，皆大欢喜。”他谦虚地表示，环顾左右，周围不少人的国学基础都比他强，因此认为自己够不上“国学大师”的称号。至于“国宝”，他说别人一这样称呼，就让他联想起憨态可掬的大熊猫。

季老的人生，是守诚淡然、静水流深的历程。淡泊不经意，是一种坚守的心境；淡然无影形，更是一种大智若愚的守诚。淡者质朴、清淡、简约，无旁逸斜出，无繁冗奢华；淡者宽容、谨慎、执着，从不忘乎所以，从不患得患失。心灵淡然若水，人生便如行云流水，轻盈飘逸。大家大成莫不如此。

当代著名数学家朱熹平长期进行国际前沿的核心数学中几何分析领域的研究，有人问他：“世界上那么多数学家都在主攻庞加莱猜想，为什么你们能取得成功？成功的条件和原因是什么？”“我也不知道。”朱熹平说，“我慢慢悠悠慢慢悠悠地做着，一点也不急，忽然，就解开了。”话轻巧，蕴淡然，不浮躁，不急迫，十年磨剑，临门一脚，“淡”字功不可没。

无独有偶，俄罗斯数学家格里戈里·佩雷尔曼，自从在因特网上发表了三篇庞加莱猜想的关键论文之后便销声匿迹，并在获得菲尔茨奖后拒绝组委会的与会邀请，拒绝在会上发言，拒绝领奖。早在1996年，他获得了四年一度的欧洲数学协会颁发的“杰出青年数学家奖”，当时他就拒绝领奖。他不计名利、拒绝诱惑，只是埋头搞数学研究；深居简出，不向杂志投稿，回避记者的聚光灯。佩雷尔曼的朋友说：“他对物质享受毫无兴趣，他需要的是数学，而不是奖赏、金钱和职位。”更有多位学者及媒体称他为“不被名利征服”的人。

正如钱钟书先生说过的："真正的学问，大抵是荒郊野屋中二三素心人之所为。"高山无语，深水无波。绚烂至极归于平淡，不是平庸之平，也非淡而无味之淡，而是内心的祥和，深入的淡定，和物我两忘的境界。

奋斗者可敬，进取者可钦，所向披靡者可佩，热烈拥抱生活者可亲；但是，从容而不趋附，自如而不窘迫，审慎而不狷躁，恬淡而不凡庸，谁又能说不是一种醒悟和超脱呢？心不动则不妄动，无欲而刚，淡泊方以明志，宁静才可致远，得失随缘，心无增减；咸有咸的滋味，淡有淡的味道。如苏东坡言："回首向来萧瑟处，归去，也无风雨也无晴。"

半醉半醒日复日，花开花落年复年；当岁月的浪花淘尽喜怒哀乐时，以前的很多纠结和在意都变得云淡风轻了。人生本如此，咸淡两由之，让自己拥有一份淡淡的情愫，淡出一份情真意切的真情，淡出一份坦然宁静的心境，淡出一份淡泊名利的境界，淡出一份绵延悠长的爱意，淡出一份悠然自得的生活。

※ 你知道青菜的味道吗

时下，逢年过节亲朋好友聚会，点菜时总有一个相同的细节：当菜点得差不多的时候，宾主间总会有人补充一句：“来个带叶的青菜吧，最好是绿叶的那种。”

也许，偏远贫困地区的人民对此会不理解，我们好不容易吃上肉了，你们城里人又改吃青菜了。国外也流行这样一种说法：穷人吃肉，富人吃青菜。这最普通不过的青菜，有时仅仅是一桌菜品中微不足道的小配角，有时又声势浩大地在贫富和城乡之间划了一道分界线。但无论如何，过日子终归是离不开青菜的。

如果有人问，你知道青菜的味道吗？你的第一反应会是什么——是茫然唐突，还是以为脑筋急转弯的玩笑？

一川刚从成都回来，留在他舌尖上最深印象的，不是大鱼大肉、麻辣水煮，而是一家并不起眼的小门店。他们的店名和招牌菜一样，叫“青菜人家”，倒也朴实平淡，像个裹着头巾的羞涩妹子。推开门进去，不大的小馆子里迎面一张屏风，上面写着一句话：“你知道青菜的味道吗？”

一川当即落座，就点了那道招牌的“青菜人家”。不到十分钟，一道水煮青菜便端上了桌。看起来，这就是在沸水里滚了一遍随即捞出的青菜，没有加任何佐料，却出落得那样鲜嫩，绿莹莹的悦人眼目。慢慢地夹上一筷子，那味道，平平淡淡，甚至有些涩口，还带点青草的芳香，下肚后略有回甘，就像割草机修剪过草坪之后，空气中流淌的那种味道。

霎时间，一川想起小时候在家乡吃的青菜。母亲总用蒸过米饭的滚水将洗净的青菜一焯，撒上一小勺盐，就直接下饭。那是没有经过酱油醋等诸般纠缠，没有经过烈火油锅炙烤的青菜，不走偏，不失真，在嘴里嚼着，青菜的原汁原味便慢慢渗了出来。

可惜的是，当今喧嚣扰攘的尘世间，又有几人尝过这样清淡寡味的青菜呢？

青菜的味道，恰如人生百味，有时着急地被旺火催熟过，有时用油盐酱醋掩盖了本真的原味。味蕾上缠绕的尽是说不清道不明的枝枝蔓蔓，原始的初衷倒不知该往何处找寻了。

人生之初，我们吃到的都是寡淡的原味青菜；随着年龄的增长，看到了更广阔的世界，心里便产生了更多的“想要”，不断给自己树立目标，苦苦奋斗，孜孜以求。在这个过程中，我们的口味重了，脾气急了，就如我们吃到的那些被各种调料裹挟的青菜，原来的味道反而渐渐模糊了。等到百梦成真，万事放下，心头了无牵挂时，经过了百般滋味的历练，终究觉得还是清淡的原味更好，就像儿时吃的滚水里焯一遍的青菜。

人们总在匆匆忙忙地努力往前赶路，却在不断追求中丢失了自己最初的梦想，甚至不知不觉把自己也“赶”丢了。“你知道青菜的味道吗？”一语惊心，各种本真的原味对我们来说，才是最简单也最踏实的幸福。我们不妨扪心自问：你是否迷失了味道？童年的味道、读书的味道、简单爱的味道……你都还记得吗？

现在网络上流行一个颇有正能量的词语：小确幸，是指那些存在于我们生活中每一个细微之处的简单平凡的快乐。能感受到它的人往往都有一颗纯真、质朴的心，不急迫，不浮躁。成功学大师戴尔·卡耐基在其《快乐的人生》一书中就记载了自己一次关于简单幸福的体验：

“有一次，我与一个和睦的家庭共同度过了一个难忘的夜晚。当我们在餐厅里共进晚餐时，我被这个餐厅别致的装饰所吸引。我的头左右转了好几次，看到四周的墙壁上挂满了男主人童年成长时的乡村风景照片。照片上，除了有小男孩阳光般灿烂的笑容，还有高低起伏的丘陵、暖阳照耀的山谷、涟漪荡漾的小河……看着看着，我仿佛置身于几十年前那片美丽静谧的庄园，河水静静流淌，在阳光的照耀下波光粼粼。清澈的水流爬过岩石，在弯弯曲曲的径道中曲折而行。河流旁不规则地散落着许多小房子，房子中间耸立着外形如塔、形状高尖的教堂。

这时，男主人看出了我的沉醉，请大家一边用餐，一边讲述起了他从前的快乐时光：小时候，我总爱光着脚在小河流水中走来走去，直到今天我仍然清楚地记得在我脚下的那些泥土是多么细软纯洁。春天时，我们坐着木板从丘陵上一路滑下去；等到夏天，我们就在小河边钓鱼。对了，还有那个尖尖塔顶的教堂，男主人满脸洋溢着微笑，继续说着：‘教堂里时时会举办盛大的布道会，虽然当时我什么也听不懂，但现在想来，却是父母对我教导最多的地方。以至于今日，我总能清晰地想起过去的甜蜜光景，而父母的叮嘱声也仿佛近在耳边。现在，每当我精神紧张或工作劳累时，便会安安静静地坐在餐厅中，看着墙上的壁画，不禁置身于往事之中，重拾起旧时那段纯真无瑕的时光，它真的能给我的心灵带来平和与安宁。’”

其实幸福很简单，就像著名导演史蒂芬所说：“我发现世上许多人的生活比我们简单得多，然而却能体现他们自身的价值，更平静，更悠闲。自然的生活原本是简单的生活。”只是很可惜，“我们的文化鼓励我们竞争，让我们一忙再忙。我们已经看不到窗外的阳光、听不到树林的声音，甚至无法一心一意地去做一件小事。”

不得不说，每个人的一生都是在许多欲望和追求中度过的：追求真理，追求理想的生活，追求刻骨铭心的爱情，追求金钱、名誉、地位。这其中，有些是有价值的，而有些却是完全不必要的。往往，那些用不着的东西虽然能获得一时的满足感，却将我们的心灵弄得烦躁不安。然后就在某个瞬间，我们或许会猛然发现，生活中能让人感到温暖的，往往是那些最简单最平常不过的瞬间。

一次停电，让她和家人在几支跳动着火焰的蜡烛前分坐在床榻和软椅上，一起守望着窗外的星空，静静地诉说，静静地聆听。黑暗给人们带来的不仅有美丽的萤火虫，还有城市的静寂和家庭久违的温馨。

很多时候，当我们用一种全新的视野和心态去观察生活、对待生活时，浮躁的心情才能沉寂下来，焦虑的头脑也安顺下来，生命之花才会开得更美，更久。

有一个传颂很广的寓言。一个小狗问它的妈妈：“妈妈，幸福是什么？”妈妈说：“幸福是你的尾巴尖。”于是小狗每天都试图咬到自己的尾巴尖，以得到幸福。可是无论它怎么努力，还是不能成功。于是小狗又去问妈妈：“妈妈，为什么我追不到幸福？”妈妈说：“宝贝，只要你抬起头往前走，幸福就会一直跟着你。”

“谋事在人，成事在天”，生活中每个人都可能付出了努力，但不是所有的人都获得了成功。所以就需要我们以淡泊的心境去看待你所经历的和你所得到的。

有些人一直以为只要认真付出了就能够得到回报，但是得到的未必就可以与付出成正比。在人的一生中，因付出而不能得到回报的烦恼几乎伴随着生命的全部过程，而得失心过重则是导致烦恼的重要原因。例如少年人曾对人生问题百思不解；青年人曾对人生方向的确立与选择举棋不定；老年人曾对过往的得失念念不忘……还有不可尽数的人生细节、生活琐事都可成为烦恼的根源。

庄子说，在这个世界上，有多少东西就是由于我们心中欲壑难平，贪欲太多，不断地累加，而最后模糊了自己的本性。一个人，在生活中有一点很重要，就是要抛弃一切后天形成的人生杂念，回归到生命之初的纯洁境界，才可以谈人生境界、人生智慧，才可以品味自然与生命的博大。

拥有了淡泊的心境，将多彩绚丽的欲望拒于窗外的天空，让自己的灵魂在平静的家园中安然入梦，被欲望蒙住的心才会得到意外的修补，得到愉快的平衡。

欲望左右着每一个人的精神生活与感情世界，我们常常为欲望而感伤人生之累，为欲望而慨叹人生短促，为烦恼而抛弃可贵的人生梦想，甚至有人因欲望而厌弃了生命。

淡泊给予你苍白的外表，却让你拥有了一个充实、坦然、意蕴深厚的人生。欲望给予你一个个焦灼痛苦的花环，却使你陷入无底的深渊。甘于淡泊，以超然的心态把握人生，就超越了世俗凡境，在悠然的心情中，品尝大自然的美丽，品尝多姿多彩的人生风景。

在当今这样一个竞争日益激烈的社会，几乎每一天，我们的神经都绷得紧紧的，得不到一丝喘息的机会。虽然我们总是处于人群之中，但在喧闹的人群中我们听不见自己的脚步声。我们总是被家人、朋友围绕着，耳边充斥着噪音、人声喧哗，忍受着繁忙工作、家庭琐事的无尽折磨。

在这个时候。我们就应该考虑独处一段时间了，找一段时间静一静，让那段时间完全属于我们自己，静静地思考一下，好好地倾听我们心灵的声音。

1784年的冬天异常寒冷，厚厚的冰雪一度将弗农山庄裹于银装之中。回到家里的华盛顿因天气不好，对外社交骤然减少，就享受起多年难得的静谧来。他深有感触地写道："我体会到了一个肩挑重担而精疲力竭的人，在经过千里迢迢步履艰难的旅行后终于到达终点时的轻松之感。"

1784年2月1日，华盛顿将自己离职以来的感受以明快的笔调告诉了大西洋彼岸的拉法叶特。

"亲爱的侯爵，我终于成了波托马克河畔的一位普通百姓了。在我自己的葡萄架和果树下纳凉。听不到军营的喧嚷，也见不到公务的繁忙。我此刻正享受着宁静而快乐的生活。而这种快乐是那些孜孜不倦地追逐功名的军人们，那些朝思暮想着图谋策划、不惜灭他国以谋私利的政客们，那些时时刻刻察言观色以博君王一笑的大臣们所无法理解的。我不仅仅辞去了所有的公务，而且内心也得到了彻底的解脱。我盼望能独自散步，心满意足地走我自己的生活道路。我将知足常乐。亲爱的朋友，这就是我对未来的安排。我将随着生命的溪流缓缓流淌，直到与我的父辈共寝九泉。”

正是在这宁静的心理空间里，华盛顿有充裕的时间来仔细观察周围的事物。宁静而丰富的田园生活给他带来了许多的乐趣，为他提供了专注于思考的空间。在这段时间里，他酝酿了宏伟的西部开发计划，这个计划改写了美国的历史。这一切的功劳都归功于华盛顿致力于维护自己的思考空间。

每天当我们工作太过疲倦，而对生活感到压力重重时，我们可以观察一下我们喜欢的植物、动物，思考一下自己感兴趣的问题或者只是站在窗台边忘记所有的工作，看看蓝天白云，让思维从外界的一切跳出来，转入完全安静的自我空间。

※ 有些爱，就是用来辜负的

错过一个人，以为就永远遇不到了；错过一段情，以为自己就永远不会爱了。但是姑娘，你有没有听说过：不能相濡以沫，就一定要相忘于江湖，否则，只会错过更多。

女儿前不久刚和交往三年的男朋友分了手，一时间怎么也走不出失恋的阴影。这天，母亲从书柜最底部找出了一本泛黄的旧杂志，拿到女儿面前。

女儿接过杂志略略扫了一遍，眉头忽地一蹙：文章的作者署名，是她妈妈的名字。这，是妈妈写的？

看着女儿疑惑的眼神，母亲转身望向窗外，好像在回忆一段久远而又铭心的过往：

他爱她很多年了。那时候她是学校的校花，清爽的方格蓝裙，简单的白球鞋，青丝扎起，颜如朝露。几乎在全校男生心里，她就是女神，那样圣洁——所以，她怎么会注意他呢？这是什么样的逻辑，连他自己都无法说清。可是偏偏，他被爱情吸引，魂牵梦萦。大学四年，他帮她在图书馆占座位，从家里给她带银耳枸杞羹，用暑期做家教挣来的钱给她买最流行的随身听。即使是她去约会，他也会在暗中悄悄跟着她直至她到达安全的地方。

她不爱他，却也不拒绝他对她的好。而他，像追逐太阳的向日葵，爱得是那样卑微，她的一举手一投足，一瞥眼一抹笑，都让他醉心不已。为此，他始终都在她的身边，不管她是怎样的恋爱分手，再恋爱再分手，他可以充当她有新男朋友时的智囊，他也愿意做她失恋时疗伤的药。

就这样，他们走过了大学四年，走过了毕业，走过了工作后的十年。在这十几年里，他从来都是无怨无悔，对她以外的任何女孩始终不曾动心。只要她一个电话一声叹息，就能让他翻山涉水、马不停蹄地赶到她的身边。而她，恋爱，结婚，离婚，再结婚，枕边人像走马灯一样换了一个又一个，却始终没有给过他一个出场的机会。

直到有一天，她远在千里之外的又一个电话让他心急如焚，当下便订了票赶过去。没想到，就在已经到达了她那个城市去往她家的路上，一辆失控的大货车朝着他的车横冲过来，刹那间车和人都飞了起来，他只觉得思维停顿，灵魂出窍。

当他在医院里再次看到窗外灿烂的阳光时，他恍如隔世。而后，他记起还在等待的她，心里竟不再焦灼，不再担忧。他感到自己那颗一直为她陷落的心，终于重新回到了自己的胸腔，那样平静，又释然。

半年后，他康复出院，和一个娴静温柔的护士结了婚。那场飞来横祸让他顿悟，对于一个并不爱你的人来说，再深的情再多的爱，都只是用来辜负的。自始至终，他的全心全意、长久守候，都只是他自编自演的一场爱情独角戏。最要紧的，是他懂得了要把全盘的爱给全心的人，给另一颗柔软善知的心。

捧着杂志，母亲含泪看着女儿，说：“我就是当年的那个护士。”

生活就像一条向前流淌的河流，从不回头；错过了，失去了，就一定要坚定地放过。生活又像一个富有魔力的法师，把所有好的坏的都变成我的；走过了，经历了，忽然间生命转变。与不爱的人相忘于江湖，才能有机会与相爱的人相濡以沫。

《乱世佳人》里，斯嘉丽狂热地爱上了加西亚。每每相遇，斯嘉丽都恨不得把自己全部的热情都倾注到他的身上。她大胆地向加西亚表达了自己的爱慕。加西亚虽然承认斯嘉丽很吸引人，但却认为玫兰妮更适合自己。他们结婚了，新娘不是斯嘉丽。然而即使这样，也没能让斯嘉丽对加西亚的爱恋有丝毫减弱，她的眼里只有加西亚，以至于白瑞德的爱完全被她漠视。尽管后来他们结婚了，尽管白瑞德非常爱斯嘉丽，但斯嘉丽心里却始终想着加西亚，始终不肯对白瑞德付出真爱。直到白瑞德最终离开她的时候，她才发现：自己最爱的人居然是白瑞德，而加西亚则是那么无足轻重。但是，一切都已经晚了。

你是不是还在等待一个能将“忧伤调成一颗糖”的人的出现？因为等待已经过去的和永远到不了的，用光所有气力，徒劳；你是不是还在为一个人撕心裂肺，伤痛不已？因为伤痛本该辜负的爱，耗尽所有容颜，可惜。

姑娘，不要急，不要怕，听我说。

你要相信，会有一个人，你疯狂爱上，疯狂恋着，而他恰好也爱着你喜欢你，心疼你关心你；你要相信，会有一个人愿意陪伴你到老，老到你所有牙齿都掉光，坐着摇椅慢慢摇。会有一个人，他心里有你，且只有你和他的家人，正如你心里有他，且只有他和你的家人。会有一个人，既擅长用永远的“早上好，今天真美好，因为有你在”来调释心动的彩色，也懂得婚姻是相依度过平淡的流年。

姑娘，往事可能会灼伤眼眸，撕碎心扉，却在最后的时刻，总会有一个人让你看见，生活最深刻最美丽的一面。

若是不曾走过，怎么懂，人生那么长，哪里来的错过？

人生中的许多际遇都是，有些不该错过，有些不得不错过。与其消弭未来的美好，不如给现在的生活添点光彩。到那时或许你会惊喜地发现，更美丽的不是错过的那一页，而是即将翻过去的新一页。

生命从来不喜喧哗，时间从来不会回答。昨日种种已成往昔，今夕之事重在把握。不为之许诺，不为之幻想。面对被辜负的，面对被失去的，别担心别遗憾，平静地接受，真实地生活。三毛曾说：“我们一步一步走下去，踏踏实实地去走，永不抗拒生命交给我们的重负，才是一个勇者。到了蓦然回首的那一瞬间，生命必然给我们公平的答案和又一次乍喜的心情，那时的山和水，又恢复了是山是水，而人生已然走过，是多么美好的一个秋天。”

※ 若是离别注定，伤痛也会淡去

“悲伤是否会消失？”

“它们不会消失，但会随着时间的流逝而慢慢改变；有时候，你会觉得自己好像忘记它们了，可是某个时刻它们又会突然浮现；继而你的心会一沉，但你不会一直沉溺下去；慢慢的，你会觉得，其实还好，这种无能为力的悲伤，其实也还可以撑过去。”

这是2010年上映的美国电影*Rabbit Hole*里，女主角贝卡和母亲的一段对话。影片主要讲述了一对原本幸福的夫妻在经历意外丧子之痛后生活的变化。贝卡和豪伊本是一对幸福的夫妻，就在八个月前，他们还有一个美满的家庭。然而，他们的儿子丹尼在车祸中不幸遇难，突如其来的打击彻底改变了他们原本完美的生活。从噩梦中醒来，回到现实生活，夫妻俩沉浸在回忆、渴望、愧疚中，相互指责挖苦，均无法从痛苦中解脱。贝卡开始重新定义自己的生活，她变得苦闷、尖刻，甚至有时有些滑稽。与此同时，豪伊整日沉湎于过去，并努力从外人那里寻找贝卡无法给予他的安慰。尽管这样，夫妻俩还在努力找回充满欢笑和幸福的美好生活。这段历程反映了两个人从脱轨的生活中重新接受彼此的过程。

导演约翰·卡梅隆·米切尔被这个剧本深深吸引，“之所以打动我，就是因为它把这种无法消退的情感表达得非常充分、形象和具体。”原来，他也有着类似的个人经历，米切尔在14岁的时候失去了10岁的弟弟，他说：“这是一件突如其来的意外事件，它永远地改变了一个家庭，直到现在我们还在从创伤中恢复着。”

离别之所以令人如此心痛和难过，是因为远去的那个人曾经和我们共同经历过那么多开心与快乐。然而，真实的人生就是有失去也有遗憾。世事如云，云起时汹涌澎湃，云落时落寞舒缓。岁月会把失去变为拥有，也会把拥有变为失去。离开与失去，与人一路共生，如影相随。也正因为此，每个人生命中都有门功课，叫“接受”，接受爱的人离开，接受亲的人离世，接受喜欢的人无论如何也不能在一起。无论多大，每一次在“接受”面前，我们依旧像个只会号哭的孩子——区别是，长大的我们会对自己说：“接受，是另一种开始。”

女孩和男孩相爱了四年，就在他们约好去领证的前一天，一场意外的车祸，让他永远地离开了这个世界，离开了她。女孩痛不欲生，几经规劝后勉强度日，可从此却在自己的感情世界里构筑了一道心墙，日思夜想已故的他。

女孩的文笔不错，心房紧锁的她也只有用文字来排遣抑郁，在她的博客上，写过这样一篇日志：

“亲爱的，现在的你在那边做什么呢？是不是仍然像我们在一起时那样快乐？我想了无数次要离开这里，离开这个伤心之地。但是我还有自己的责任，我必须挺住，直到最后一刻，直到佛陀召唤我的时候。多么希望那一刻早些到来，我可以微笑地走到另一个世界，微笑地看着你。能够每天看着你幸福地生活，我心满意足。可是对于现在发生的一切，我没有一点挽回的办法，我的心在哭泣、在流血。佛陀，你愿意帮助我吗？我愿意付出一切，来实现自己那平凡的心愿，哪怕下辈子受苦……”

女孩总说：“无论是闭上眼睛还是睁开，事情就好像发生在昨天，怎么也抹不去。”

她总是穿着那件淡绿色的上衣，那是他送给她的，也是男孩生前最喜欢的颜色。这件特别的衣服上面有着五颗特别的纽扣——心形水晶，象征着他们的爱情。女孩看到这些，就好像他从来没有离开一样。

有一天，女孩回家后发现衣服上的五颗纽扣中少了一粒。她懊恼、自责，怪自己不小心，然后跑遍了周围大大小小的商店，试图买到一颗一模一样的。可惜，她找遍了大街小巷，还是没有。女孩失落地回了家，把自己关在房间里哭了整整一夜，少了一颗纽扣怎么穿呢？心，都不完整了。可是，她怎么也舍不得放弃这件衣服。

一连几天，她都郁郁寡欢。母女连心，妈妈自然猜到了她的心思，于是劝她不如舍了那剩下的四颗扣子，再买五颗新的扣子换上。

母亲为女儿找到了五颗造型更加独特、也配得上这件衣服的花形扣子。淡绿色的上衣，在这五颗花形扣子的点缀下，显得更加高贵和典雅。

那一刻，女孩似乎明白了什么。终于，在一个阳光明媚的清晨，她醒悟了。尔后，她敞开了心门，开始接受全新的情感世界。

女人心思细腻，时常会把错过和失去的当成世间最为遗憾的事，任凭过去困扰着自己，任凭自责折磨着自己。殊不知，覆水难收，往事难追，后悔无益。缱绻人生，世间有很多事情都是难以预料的。得失如云烟，转眼风吹散。一切邂逅，悲欢喜舍皆由心定。看得开，放得下，则一切如镜中花、水中月，虽然赏心悦目，却非永恒。不如坦坦荡荡、平平淡淡，不让自己在悲伤中度过，不让自己在徘徊中漫步。

有一首耳熟能详的老歌中唱道："曾经在幽幽暗暗、反反复复中追问，才知道平平淡淡、从从容容才是真。"就像辜鸿铭先生说的，能受得了一切寂寞与平淡，才是真正的修养到家。记得，无论怎么难过，每一次离别，都终将淡去。

※ 看淡浮尘事，都付笑谈中

男人事业受挫，独自一人来到杭州散心，去了灵隐寺，在门口看见放着许多水盆，里面养着浮萍，一片片嫩绿的叶子娇俏可爱，又淡然优雅。此情此景，男人忽然感叹：人生所有的事物都是浮萍。来时还满腹心事的他，顿时感到心情平静了许多，也淡然了许多。

苏东坡诗云："梨花淡白柳深青，柳絮飞时花满城。惆怅东南一枝雪，人生看得几清明？"满城都飞着柳絮，一枝梨花从深青的柳树间伸了出来，雪样清丽的梨花开满了枝。看着这样美丽的景致，如同婴孩般圣洁无瑕，似乎可以消融一切穷凶极恶的念头，不得不说这是一份看透人世后的淡然和宁静。当一切都能够看开的时候，也便没有什么可失去的了。苏轼的人生有过顺风顺水，也曾风波浪起，历经了太多的沉浮和悲喜，当繁华落尽时，他却依然保持着那份最初的淡定。这是一种豁达的积极心态，是一种明悟后的醍醐灌顶。纵使行至山穷水尽处，仍可从容坐看云起时，是一种平淡；跳出拥挤繁忙的都市，转而观赏庭前花开花落，望天上云卷云舒，也是一种平淡；"古今多少事，都付笑谈中"，更是一种平淡。

与浩瀚历史长河相比，人世间一切恩怨情仇、功名利禄皆为短暂一瞬间。福兮祸所伏，祸兮福所倚。用淡定的心态看世事，便更容易做到不以物喜不以己悲，即使面对沧桑，也能够有一份云水悠悠之心。唯有此，才能保持心理上的宁静，达到淡泊明志的人生境界。

我们说看淡浮尘事，并非是要逃避现实，更不是看破红尘、无所追求。相反，这里说的平淡，正好是一种积极入世的态度。在踏踏实实干好本职工作的基础上，多一份思考，多一份清醒，堂堂正正，不因为逐利而损人；多一份洒脱，多一份超然，成事在人，笑对结果。

提到美国玫琳凯化妆品公司，没有人不知道它的创始人玫琳凯·艾施，这个用自己的智慧和勇气缔造化妆界神话的女人，之所以能够一路走到现在，很大程度上是源于那一份平淡豁达的心境。

玫琳凯的童年并没有多少快乐的记忆，父亲生病住院，母亲为了照顾全家人而辛苦在外打工。家庭的变故和生活的窘迫让小玫琳凯很早就承担起家庭的责任。玫琳凯7岁那年，便承担起父亲的厨师与护理的工作。当时，个子矮小的她做饭时要站在椅子上，有时还要打几十个电话问妈妈下一步该怎么做。电话那头，妈妈总鼓励着她："我知道你能行，一定行。"就是这句"你能行"，给了玫琳凯自信，纵然饭做得不好吃，也不会让她觉得沮丧。

对于这个豁达的女孩，命运使者似乎有意栽培。二十年后，27岁的玫琳凯与丈夫分开。没有工作、没有积蓄的她带着三个孩子，独自面对着接踵而来的各种困难。可是，玫琳凯并不觉得有什么，这个平凡而又坚强的女人毅然走上社会，开始了谋生之路。几经奔波，她得到了一份既能够干事业又可以照顾家的直销工作。

工作中，对于竞争对手，她心胸开阔；对于顾客，她笑容坦诚。没用多长时间，玫琳凯就从一个普通的直销员成长为经验丰富的销售精英，年薪也涨到2.5万美元。靠着这份豁达和淡定，她一步步走上了领导的岗位。

然而，命运多磨，46岁那年，玫琳凯突然接到了降职通知，理由很直接：因为她是女性。对于这样的打击，玫琳凯依然淡定，她接受了公司的决定，同时也在心里做了一个自己的计划：建立一家给所有女性提供平等机会、帮助更多女性实现自我价值、丰富女性人生的公司。

在理想的支撑下，1963年9月3日，玫琳凯正式成立了玫琳凯化妆品公司。虽然那时公司的资金只有5000美元，办公场地只有一间46平方米的仓库，员工只有9名普通的家庭妇女，但玫琳凯干得相当起劲儿。经过几年的不断发展，玫琳凯公司成为一家跨国的大型化妆品企业集团，拥有全美最畅销的护肤品和彩妆品牌。如今，它拥有130万名美容顾问，分公司遍布在36个国家和地区，年营业额高达25亿美元。

到了20世纪90年代，已经是曾祖母的玫琳凯笑着说："我觉得我才24岁。"在她的日记里，人们看到这样一段话："以平常之心，接受发生之事；以放下之心，面对难舍之事；以宽阔之心，包容对不起我们的人；以不变之心，坚持正确的理念；以真诚之心，对待每一个人；以愉悦之心，分享他人的快乐；以喜悦之心，帮助需要帮助的人；以美好之心，欣赏沿途的风景；以无私之心，传承成功经验；以感恩之心，感激拥有的一切。"

在玫琳凯眼里，守护内心，胜过守护所有，因为一生的收获，都是由内心所生。豁达的心胸不会随着年华的老去而消逝，那些风风雨雨的浮尘往事，不管是儿时贫困的生活，年轻时的离异风波，还是中年时的歧视降职，如今都已经永远留在了过去，留在了谈笑之中；那是她真实人生的一部分，却也只是人生的一部分。

人生在世，往往不会一帆风顺，荣辱得失乃寻常事，喜怒哀乐是自然情。不用去追问生命到底要经历多少颠簸，因为无论是顺境还是逆境，生活始终会按它的阴晴圆缺该来时来该去时去。我们只需以一颗淡泊坦然的心，自信、乐观、豁达地去面对。这样的人，于自己是云朵一样的轻松，于别人是湖泊一样的宁静。

有了这样的淡定与豁达，才能够真正做到拿得起放得下，才能够拥有处变不惊的沉稳。生活中总会出现各种挫折与磨难，谁也无法预料下一秒会发生什么，但只要有一颗平淡之心，就能够坦然面对命运带来的一切，就能够不与人斤斤计较，就可以在黑暗降临时依然热爱生活，宁静而又安然地自信前行，不卑不亢。

※ 开在心田上的百合花

“我是一株百合，不是一株野草。唯一能证明我是百合的办法，就是开出美丽的花朵。”

“这家伙明明是一株草，偏偏说自己是一株花，还真以为自己是一株花，我看它顶上结的不是花苞，而是头上长瘤了。”附近的杂草不屑地嘲笑着百合。

偶尔也有飞过的蜂蝶鸟雀，它们也会劝百合不用那么努力开花：“在这断崖边上，纵然开出世界上最美的花，也不会有人来欣赏呀！”

百合说：“我要开花，是因为我知道自己有美丽的花；我要开花，是为了完成作为一株花的庄严生命；我要开花，是因为自己喜欢以花来证明自己的存在。不管有没有人欣赏，不管你们怎么看我，我都要开花！”

在野草和蜂蝶的鄙夷下，野百合努力地释放着内心的能量。有一天，它终于开花了，它那灵性的洁白和秀挺的风姿，成为断崖上最美丽的风景。

这是台湾著名作家林清玄的一篇散文，题目就叫《心田上的百合花开》。一株小小的野百合，为了心中那个美好的愿望，演绎出一段美丽而又动情的故事，它用满身的执着与坚韧，证明了自己的确不是一株野草。

文章的结尾处写道：“几十年后，远在千百里外的人，从城市、从乡村，千里迢迢赶来欣赏百合花。许多孩童跪下来，闻嗅百合花的芬芳；许多情侣互相拥抱，许下了“百年好合”的誓言；无数的人看到这从未有过的美，感动得落泪，触动内心那纯洁温柔的一角。那里，被人们称为‘百合谷地’。”

不事张扬的野百合，用自己的行动默默抗争，独行其道，终成“正果”。这花是信念的结晶，是心血的凝聚。野百合终于实现了自己的价值，让人们感受到“春天”般的美丽。

在林清玄看来，人生的美分为三个层次：第一个层次是欲望、物质带来的美；第二个层次是文化、艺术、文明带来的美；第三个层次则是灵性、精神的美，这是最高境界的美。他信奉“尽心就是完美”，而野百合就是这样一个因“尽心”而近乎“完美”的形象，真正实现了“灵性、精神的美”。

有这样一位女人，正如百合花那样，恬淡而又执着努力，当人们为她和她的伙伴们建造的惊人之作而赞叹不已时，她只是在一旁默默微笑着。她就是“水立方”的总工程师，陈蕾。

十几年前，陈蕾大学毕业，和千万名刚刚走出校门的年轻人一样，风华正茂、满怀理想。她十分努力工作，从来没有注意过，自己的生活永远是单位和家之间的两点一线，在旁人看来是多么枯燥乏味。学建筑的她不仅每天要面对着一堆密密麻麻的图纸和工具书，而且还常常要顶着毒辣的太阳在建筑工地上和男同事们一起搜集第一手资料。

那时，陈蕾青春年少，很多原来的朋友拉着她一起出去玩。可没有多长时间，大家就都发现，这个每每在充满音乐和欢笑的夜晚匆匆离去的女孩，总是有着忙不完的工作，即使有一点闲暇时间，也立刻拿起书来。陈蕾心里很明白，在这个男性占主导位置的行业里，如果不付出极大的努力，很容易就会被淘汰。所以，她几乎停止了一切娱乐活动，休息时间也尽量压缩到最少，把节省出来的时间全部投入到了工作中。

就这样，在同事们惊奇的目光中，这个全集团最努力的女孩迅速成长起来，从最底层的技术专员到庞大集团的高层管理，陈蕾只用了不到十年时间。

这一次，陈蕾所在的集团公司竞标到了一个庞大的工程，而她很快便成了这个工程的总工程师。然而，当同行们知道这个大型工程的总工程师竟然是一个刚刚三十出头的女孩时，都不敢相信自己的耳朵。所有和她一起合作参与这个工程建设的同事都对她表现出了强烈的质疑。将如此重要庞大的工程交给这样一个年轻的总工程师，大家的确是不放心。

面对这样的局面，陈蕾也不解释什么，顶着巨大的压力开始了工作。大家的担心是有道理的，这个庞大的工程每天都会出现一些新的问题，让人忙得几乎没有丝毫的喘息时间。陈蕾每天东奔西走，明显感觉到时间不够用，于是干脆做出了一个让人意想不到的决定——天生爱美的她决定在工程结束之前再也不在工地上穿裙子了，她把所有的精力都投入到这个工程上，甚至连穿着裙子行走时浪费的一丁点儿时间都舍不得！

随着工程进度的推进，问题也随之而出，可大家的质疑声却越来越少了。同行们被这个为了工作，连爱美天性都可以舍弃的年轻女工程师感动了。大家也不再去讨论她能不能承担起这个工程，而是全力以赴地帮着她想方设法解决工程中出现的问题。

就这样，在随后的几年里，陈蕾和她的伙伴们几乎天天盯在工地上，一刻不敢停歇。整整三年，她都没有再穿过裙子，而她像从海绵中挤水一样挤出的时间和精力为她的事业带来了巨大的成功——2008年北京奥运会前夕，在奥林匹克公园，一座崭新的建筑拔地而起，它就是为世界瞩目的新作，水立方。

面对无人陪伴与喝彩的暗淡情景，太多人望而却步，而陈蕾在一人"独处"的巨大压力下，也没有放弃努力，放弃修炼。没有鸡鸣，黎明依然会到来；没有赞美，鲜花依旧美丽芬芳；没有喝彩，人生依然可以耀眼。只要坚守内心的信念，对美好生活充满希望，纵然漫长的跋涉途中没有花香满径，也阻挡不了她前行的脚步。

以清净心看世界，以欢喜心过生活，以平常心生情味，以柔软心除挂碍。"大其愿，坚其志，细其心，柔其气"，人生便可如野百合一般，陌上花开。

※ 不求深刻，只求简单

“人类往往少年老成，青年迷茫，中年喜欢将别人的成就与自己相比较，因而觉得受挫，好不容易活到老年仍是一个没有成长的笨孩子。对于复杂的生活，人们怨天怨地，却不肯简化。我们一生复杂，一生追求，总觉得幸福的遥不可企及。不知那朵花啊，那粒小小的沙子，便在你的窗台上。你那么无事忙，当然看不见了。我们不肯放弃，忙了自己，还去忙别人。过分的关心，便是多管闲事，当别人拒绝我们的时候，我们受了伤害，却不知这份没趣，实在是自找的。对于这样的生活，我们往往找到一个美丽的代名词，叫作‘深刻’。”

这是台湾著名女作家三毛写的一篇文章。这个简单而又不平凡的女子，在她并不华丽的文字里流淌着一种淡淡的东西，就像她的母亲缪进兰所说：“三毛是个纯真的人，在她的世界里，不能忍受虚假，就是这点求真的个性，使她踏踏实实地活着。”

在那篇文章的结尾，三毛表达出真切的所求所感：“我只是返璞归真，感到的，也只是早晨醒来时没有那么深的计算和迷茫。”

“我不吃油腻的东西，我不过饱，这使我的身体清洁。我不做不可及的梦，这使我的睡眠安恬。我不穿高跟鞋折磨我的脚，这使我的步子更加悠闲安稳。我不跟潮流走，这使我的衣服永远长新，我不耻于活动四肢，这使我健康敏捷。我避开无事时过分热络的友谊，这使我少些负担和承诺。我不多说无谓的闲言，这使我觉得清畅。我尽可能不去缅怀往事，因为来时的路不可能回头。我当心的去爱别人，因为比较不会泛滥。我爱哭的时候便哭，想笑的时候便笑，只要这一切出于自然。”

她说：“我不求深刻，只求简单。”

人生放下了牵挂和拖累，便是美丽。简单的生活，是去粗取精、避开纷争的最好方法，它可以让我们虔诚地倾听并顺从内心最真实的声音，把时间花在自己喜欢之事和心爱之人上。这是一种生命的过程，是获得内心淡然与祥和的过程，是感受“幸福，就是自己觉得幸福”的过程。

这样的生活态度和人生情怀能够帮助人们摆脱世俗的限制，回归真实的人性。它不为名扰，不为物忧，不受纷繁的羁绊，始终遵循着心灵的指引，沉淀自我，随处安然，享受独属于他的人生。

有这样一位行吟诗人，一生都“在路上”，从一个地方旅行到另一个地方，住在世界各地的旅馆里。他出身于中产阶级，家境殷实，完全有能力为自己买一套房子——可是，行吟，是他选择的生活方式。

后来，鉴于诗人为文化艺术所做出的贡献，也考虑到他年事已高，某国家政府决定授予他“荣誉公民”的称号，并免费为他提供住宅。但诗人拒绝了，理由是他不愿意为房子之类的麻烦事情耗费精力。就这样，这位特立独行的行吟诗人，在旅馆和路途中度过了自己的一生。

多少年后，诗人去世，在整理遗物时朋友发现，他一生的物质财富就是一个简单的行囊，行囊里是供写作用的纸笔和简单的衣物——然而，在精神财富方面，他给世界留下了十卷优美的诗歌和随笔集。

这位诗人的一生就是去繁就简的人生，舍弃不必要的干扰，远离太多欲望的压迫，富有着一种简单而又纯粹的意义。谁又能说，这不是一种难得的清醒，甚至是淡泊明志的修行？

的确，生命本就应该以一种简单的方式来经历。人活得越复杂，就越不能挥洒自如。精神的富足往往能够让平凡的日子显得活色生香。就像对于艺术品来说，简约精致往往比华丽繁复更能震撼人心。那么对于人生而言，轻松惬意也往往比奢侈迷醉更能令我们感到幸福和愉悦。

吉姆·特纳，莱斯勒石油公司总裁，在他40岁时便继承了拥有30多亿美元资产的企业。在众人的印象中，他似乎从来没有为什么事情发过愁，即使像加勒比海的那次海啸给公司造成1亿多美元的损失，吉姆·特纳也会在董事会上谈笑风生："纵然减去1亿美元，我还是比你们富有十倍，因为我有多于你们十倍的快乐。"他的孩子在车祸中不幸身亡，他说："我有五个孩子，减去一个痛苦，还有四个幸福。"

在刚刚接手拥有巨额资产的石油公司时，人们都以为新上任的总裁会大干一番。然而，吉姆·特纳却组建起一个评估团，对公司资产做了全面盘点：以50年作基数，在资产总额中先减去自己和全家所需、应承担的社会费用，再减去应付的银行利息、公司硬性支出、生产投资等，最终发现还剩8千万美元。他从这笔钱中拿出3千万美元，为家乡建起了一所大学，余下的全部捐给了美国社会福利基金会。

人们对此大惑不解，吉姆·特纳说："这么多的钱对我来说反而成了一种累赘，减去它就是减去了我生命中的负担。"

一直到85岁，吉姆·特纳悄然谢世。他在自己的墓碑上留下这样一行字：“今生令我最欣慰的，就是过了一生简单的生活。”

繁华退尽，才能返璞归真。简单的过程就是一个觉醒的过程，大道至简。简单使人不窃喜，不大悲，让人渐渐能够宁静地享受着持续的快乐。在不断认识自己的状态下，才会有所期待有所留恋，才能充分享受物我和谐、游刃有余的生活。

简单来源于心态的平和，正所谓“不以物喜，不以己悲”。热爱生活，积极地面对现实，认真地活在当下，真诚地善待他人，不虚伪待人，不苛求他人，也不和自己较劲。人生所需不过种种，只有勇于去冗除繁，才能拥有本真的自我。若能常以超然、淡泊的心态去对待生活，定能获得别样的幸福。

第6章

少安勿躁，生命之花会开得更久

《灵山》里有一段话：“历世间大喜大悲、惊心动魄之事，莫自伤形骸、莫如死灰槁木、莫激愤癫狂，神魂不欲疯魔必有所寄，所寄莫失。”这是一种默默接受蜕变、厚积薄发的状态。在这个激荡人心而又易于浮躁的时代，即便尘世扰攘，也可以给内心营造一个温暖的驿站，让它平静下来。在安静中，不慌不忙地坚强。你要知道，生命除了外表的喧闹与不安之外，还有一种内里的安静和细致，不因时日的推移而消失，就好像水仙淡淡的清芬，慢慢酝酿，缓缓释放。

※ “骆驼之死”与“情绪劳动”

2013年年底，网络上盛传一组名为“骆驼之死”的漫画，评论和转发超过千万，也许和当今快节奏社会中人们容易焦躁的情绪有关。

炎炎夏日，正午时分，一只骆驼头顶着大火球一般的太阳在沙漠里跋涉着，又饿又渴，焦躁万分，一股无名火在肚子里酝酿发酵。

一不小心，骆驼恰好踩上了一块碎玻璃，脚被硌得生疼。疲惫不堪的骆驼顿时火冒三丈，抬起脚狠狠地将碎片踢了出去，却又一不小心，锋利的玻璃碎片把它的脚掌划开了一道深深的口子，鲜红的血液顿时染红了沙粒。

又气又恼的骆驼一瘸一拐地郁闷前行，身后流下了一路血迹，不一会儿便引来了一群秃鹫，盘旋在骆驼上方的天空中，长鸣不已。骆驼心里一惊，不顾伤势狂奔起来，在沙漠上留下了一条更长的血痕。直到快跑出沙漠时，浓重的血腥味把附近的狼群引来了，这让本就流血过多的骆驼更加慌张，它像只无头苍蝇一样东奔西突，仓皇中跑到了一处食人蚁的巢穴边。鲜血的腥味惹得食人蚁倾巢而出，黑压压地向骆驼扑去。一眨眼的工夫，就把骆驼裹了个严严实实，远远望去好像一块黑色的毯子。无助的骆驼终于崩溃了，一个屈腿便倒在了鲜血淋漓的地上。

临死前，骆驼追悔莫及地自怨自怜道：“我为什么要跟一块小小的碎玻璃生气呢？”

漫画的底端用粗体大字写着：发脾气是本能，控制脾气是本领！

这让人想起奥修写过的一个故事：

一位科学家早上起床穿好衣服后，怎么也找不到自己的拖鞋，这让他的眉头皱了一下，可能连他自己都没注意到那种烦躁。然后，他去卫生间洗漱，莫名的不悦一直潜藏在他身体里。刮胡子时，他不小心把剃须刀掉到了地上，没想到捡起来的一瞬间又不小心掉了。他的心情更糟了！但剃须刀毕竟是个静物，他也无可奈何。吃早饭时，科学家了解到孩子昨天的作业没有做完——终于，所有的怒气在那一刻全部爆发了，他大发雷霆地打了孩子一巴掌。妻子又惊恐又莫名其妙，不由得和他吵了起来。科学家摔门而出，开车去上班，可是最后他并没到达办公室，因为半路上，他出了车祸。

整件事的起因居然是因为早上没有找到拖鞋！看似荒唐的逻辑却普遍存在于现代人的生活中。其实，这样的道理谁都懂：越是不愉快就越要放宽心，越是受到委屈，就越需要冷静和理智。正如美国作家罗伯·怀特所说：“任何时候，一个人都不应该做自己情绪的奴隶，不应该使一切行动都受制于自己的情绪，而应该反过来控制情绪。无论境况多么糟糕，你应该努力去支配你的环境，把自己从黑暗中拯救出来。”

但是，这不是让我们去控制焦躁和烦闷，而是要学会管理好自己的情绪。之所以用“管理”，是为了避免走入“压抑”的误区：很多人对于生气、愤怒、难过等所谓的“负面”情绪，习惯以“意志力”硬压下去，以为它会慢慢消失；而事实却不尽如此，情绪的能量不去处理，它就会累积、转化，并常常在意想不到的时候，以意想不到的方式爆发出来。

随着时代的发展、节奏的加快，人们也需要为拥有的物质生活付出高昂的代价：超负荷的工作、无止境的应酬，以及各种戴着情绪面具的“劳动”。近年来，社会学家发现，一些职业要求人们必须在特定的时间、地点，表达出某种特定的情绪，无论他们内心深处的感受是什么。比如走进餐厅后，服务员会微笑着向你问好，尽管他们的心情实际上可能并不那么好。一些企业甚至明文规定了员工在工作中应该具有的情绪体验。这种现象被社会学家称为“情绪劳动”。

对此，受要求的一方可能会采取两种应对策略，以表现出对于情绪的矫饰：一种是浅层表演，假装表现出需要的情绪，而不触及深层的感受。另一种则是深层表演，即努力调整内心感受，以迎合组织的要求。让人担忧的是，前者的问题往往会导致内心感受和外在表现的不一致，即情绪失调，从而使整个身心陷入深渊。

所以说，情绪管理并不是一味压抑，更重要的，是疏导与化解。情绪一词本无褒贬，切忌人为地给其添油加醋。首先，我们要承认并接纳它，就像大自然中的任何客观存在一样，都应该真实呈现、坦然面对。比如，电灯发光，实际上是电流的交叉互动；河水奔流，实际上是一滴滴水珠串联在一起向前滚动——情绪，也是一条河流，是一个小念头接着一个小念头，持续地往前走。

在此基础上，我们要学会疏导、缓解内心积累的情绪，说出来，写出来，画出来，唱出来。或者，通过体育锻炼，让烦躁的情绪随着汗水挥洒出去，让情绪的发泄畅快淋漓。古语有言：合抱之木，生于毫末；九层之台，起于垒土。没有人能折断合抱之木，但我们却可以轻易折断一根小树枝；没有人能搬动九层之台，但我们却能很容易处理掉一小块垒土。情绪的河流如果没有得到及时的疏导和排解，会越聚越多，越来越猛；平静的河面下暗流涌动，一旦爆发，将造成不可估量的灾害。

给情绪装个“安全阀”，及时“减减压”，从控制情绪到管理情绪，不仅是一个从“他制”转化为“自制”的磨炼过程，更多的，是让人生之路越走越宽的一个必不可少的素质与修养。

※ 有理不在声高，润物更在无声

著名作家毕淑敏在一次高校论坛上讲了这样一个小故事，她告诉同学们，凡事凡物并不是浓度越高越好，在与人交谈、讨论、甚至争辩中，也不是声音越大越妙。

她在上学的时候，一堂化学课，老师向全班提问："什么浓度的酒精用来消毒是最好？"

学生们几乎连想都没想，脱口而出说："当然是浓度越高，杀菌消毒的作用越强。"

老师摇摇头，严肃地说："你们都错了。"

看着学生们一个个狐疑不解，老师继续解释说："高浓度的酒精，会使细菌的外壁在极短的时间内凝固，形成一道'天然屏障'。后续的酒精就再也无法渗透进去，从而使细菌在消毒后依旧可以存活。"学生们认真地听着这个新奇的理论，若有所思。

老师进而强调："最有效的浓度，是把酒精调得相对柔和些，润物无声地渗透进去，效果才佳。"

原来，"润物细无声"的柔和有时比暴风雨更有力量。柔和不是软弱，而是一种不急不躁的性格与心态；柔和也不是软弱可欺，而是一种水滴石穿的坚韧。自然生物中的这种规律后来被心理学家所发现并利用，总结出人际沟通中的著名定律——低声效应。

这种“低声效应”起源于美国，教育心理学研究人员发现，从谈话方式的角度来看，低声的交流比高声更容易达到说服他人的效果，专家把这种现象称为“低声效应”。后来人们在儿童教育中发现，面对哭闹的孩子，家长越是高声训斥，孩子哭闹得越厉害；更有心理学专家指出，孩子的哭声是随着家长嗓门的提高而变大的。

这种沟通规律很好理解，当人们低声平和地讲话时，无形中便营造出一种促膝谈心的良好氛围，让人们感觉到我们自身的理智，促使对方也保持理智，从而更容易接受一些哪怕是批评的观点；如果满怀怒气地提高嗓门，即使再占理的事，也会让说话双方都感到心烦气躁，导致对方不耐烦的回应。另外，从物理学的角度来讲，说话降低分贝，势必会让听者集中精神捕捉重要信息，为良好的沟通打下必要基础。

然而，在现实生活中，很多人都以“理”作为谈话的依据，却忽略了“礼”的感性作用。公说公有理、婆说婆有理，不分时间、不讲场合，只有一条，理直，就一定得气壮，好像声音越大、气势越强、语气越坚定，就越能说明自己是有理的。以致最后发展到寸步不让、吼声震天，甚至剑拔弩张，仿佛争的不是一个“理”，而是嗓门。

其实，若是任何一方感到理亏或是“礼”让，相信许多冲突自热而然也就化解了。更重要的是，通过上述研究发现我们应该懂得：有理不在声高。心理学家认为，无声语言所显示的意义，比有声语言要深刻得多。曾有国外的心理学家还就此列出了一个公式：人与人之间的信息传递 = 7%语调 + 38%语气 + 55%表情。也就是说，在人际传播中，“无声语言”几乎占了绝大部分，这就包括表情、肢体、语音语调、表达方式等等。

诚然，与人交往中难免会有摩擦和矛盾，无论是调解也好沟通也罢，前提条件就是要在平等、尊敬的基础上，认真倾听对方的观点，然后再充分表达自己的意思和情感。这里的“充分”绝不是指声音的充分，而是“道理”的充分。可以争辩，但绝不是争吵；前者以声压人，后者以理服人。有理更要有“礼”，少一些野蛮，多一些理智。这才反映了沉着与克制的品性，谦和与忍让的美德。

1930年2月，左翼作家冯乃超在《拓荒者》中骂梁实秋为“资本家的走狗”。然而，得到的回应却是简单又洒脱：“我不生气。”

梁实秋向来是一个会说话的人，且颇谙“论证心理学”。他曾写过一篇文章，题目叫《骂人的艺术》，行文酣畅又不失尊重，挥洒自如又少有气躁：

“骂人最忌浮躁。一语不合，面红筋跳，暴躁如雷，此灌夫骂座、泼妇骂街之术，不足以骂人。善骂者必须态度镇静，行若无事。普通一般骂人，谁的声音高便算谁占理，谁来得势猛便算谁骂赢，唯真善骂人者，乃能避其而击其懈。你等他骂得疲倦的时候，你只消轻轻地回敬他一句，让他再狂吼一阵。在他暴躁不堪的时候，你不妨对他冷笑几声，包管你不费力气，把他气得死去活来，骂得他针针见血。”

当然，这不是教人骂人，而是从中领悟到，一个懂得揣测他人心理、掌控好自己情绪的人，才能生活得时时事事顺心。

我们要学会控制情绪。对于自己千变万化的情绪，切不可听之任之。即使在自己占理的时候，也需要沉住气，不要大呼小叫地面对“犯错者”；相反，用心平气和的态度去解决，往往能取得事半功倍的效果。

美国有一个非常有名的飞行员，名叫胡佛，他的胆识过人、技术一流，有过多次飞行表演的经验。这次的外宾来访，仍然由他去完成。

出乎所有人意料，飞机在返回的途中发生了意外——在飞机降落到距离地面300米高空的时候，胡佛发现飞机的发动机突然熄火了，这几乎意味着机毁人亡。

极为幸运的是，在这样的情况下，胡佛凭借高超的技艺和过人的胆识，仍然把飞机安全降落在机场。此时，飞机已是严重损坏，万幸的是人员安然无恙，只是受点刮伤。走出飞机驾驶位置的胡佛立即对飞机做了检查，结果发现造成事故的原因，是因为机械师把燃料加错了。

下了飞机，胡佛立即要求见一下那位帮他维修飞机的机械师。包括机械师本人在内的所有人都以为，胡佛肯定要狠狠地痛骂他一顿——这么大的失误，不仅让这架造价昂贵的飞机损失惨重，而且差点让胡佛一行一命呜呼。

可是，再次出人意料的事发生了：胡佛见到那位年轻机械师后，走过去揽住他的肩膀说：“为了相信你不再出现这样的情况，明天要起飞的F-16还要麻烦你来维修。”

还沉浸在紧张、沮丧、痛悔情绪中的机械师听到了这番话以后，简直不敢相信自己的耳朵，直到胡佛离开后他还没醒过神来。自己犯下了这么大的错误，几乎是不可原谅的，而胡佛只是寥寥几句的批评，就又重新给了他一次机会。

这次终生难忘的教诲，比起得理不饶人的大吼大叫，更能让人心悦诚服、记忆深刻。一切应以取得对方充分理解和接受为前提，自然也就不会在乎一时之情绪。可见，有理不在声高，不仅能够取得事半功倍的效果，更能体现一个人的品行境界。正如台湾作家刘墉曾经说过："理直气壮和理直气和，后者比前者更能显出风度和涵养。"

※ 静下来，才能看到明天

一句“静以修身，俭以养德；非淡泊无以明志，非宁静无以致远”开启了以“静”修身的先河。先人通过古书告诫后人，只有宁静才能够修养身心，静思反省。

在这个充满了浮躁气息的世界里，宁静就像是一泓温润的湖泊，化成雨，飘洒在人们心里，成为洗涤心灵尘埃的清泉。守住一颗宁静的心，才能听到花开、雪落的声音。即使时间再长，也会诞生出“非常”的奇迹。

20年前，美国一家园艺所贴出一则有奖启事：高额征求纯白金盏花。许多人纷纷尝试，但由于培植的难度，20年间竟没有一人培植出白色的金盏花。

就在园艺所不抱什么希望的时候，有一天，突然意外收到一封热情的应征信和一粒纯白金盏花的种子。信中说，20年前的那则启事对于一个地地道道的爱花之人来说，简直让她激动万分。于是，她撒下了一些最普通的种子，精心侍弄。等到一年之后金盏花开，她从那些金色的、棕色的花中挑选出一朵颜色最淡的花，任其自然枯萎，以得到优质的种子。然后，她又把种子种下去，再从由它开出的花朵中挑选颜色更淡的花种来栽种。日复一日，年复一年，春种秋收，周而复始，她的丈夫去世了，儿女远走了，生活中发生了很多的事，但她一直在静静地等待着白色金盏花的开放。

终于在20年后的一天，她在那片花园中看到一朵金盏花，它不是近乎白色，而是如银如雪的白。就这样，一个连专家都解决不了的问题，在一个不懂遗传学的妇人长期的努力下，最终迎刃而解。

曾经那么普通的一粒种子，也许谁的手都曾捧过，却因为少了一份以心为圃、以血为泉的培植与浇灌，才使得自己的生命错过了一次最美丽的花期。沉静是一种耐心，是一种矢志不渝的坚持，即使最普通或者再艰难的种子，种在心里，用心血去培植，也会如愿地发芽、开花。

歌德曾说：“只有两条路可以通往远大的目标：力量与沉静。力量只属于少数得天独厚的人；然而苦修的沉静，却艰涩而持续，能为微小的我们所用，且很少不能达成它的目标。”困难在沉静的心灵面前就如纸般脆弱，坚持这种心境，成功就在不远处。

民间有句谚语：心静自然凉，这是多么朴素而又深刻的道理。面对混乱或危机的时候，我们要学会把浮躁的心安静下来，这样才能为机遇的到来积蓄力量。滴水不求朝夕之效，故能坚持到穿石的日子；穿石之后，依然平心静气，保持着自己的步伐，这就是一种恒久的定力。

美国前总统里根就是这样一个能够沉下心来，踏实努力，最终迎来不一样的明天的人。

里根出生在一个并不富裕的家庭，全家四口人只靠父亲一人当售货员的工资勉强度日。后来父亲又被商场解雇了，这给本来就拮据的日子带去了更沉重的压力。从小里根便知道，他要不可避免地面对家庭的经济困境。

还在上小学时，里根就和哥哥一起，帮着母亲在大学足球场边卖爆米花，他们一边卖爆米花，一边看球。兄弟俩和球员们混得很熟，时常能收到一些他们用不着的东西。到了上中学的时候，为了积攒学费，13岁的里根每周六下午和周日都要去附近的建筑工地当临时工，干一些搬砖、运水泥的活。整个周日一整天，干足10个小时才能挣35美分。饿了就啃干面包，渴了就喝自来水，别的同学在看电影、旅游，而他却在工地上流汗。就这样，里根中学和大学的学业，几乎是半工半读完成的。每当感到生活的艰难，或者受到他人的嘲弄，里根都不以为意，他知道自己没有多余的力气和精力去计较这些。他要求自己一定要静下心、沉住气，等待着机遇的到来。

生活的艰辛磨炼了里根的意志，培养了他的信心。大学毕业后，里根决定去电视台找份工作，然后再设法去做一名体育播音员。于是，里根搭便车去了芝加哥，开始去敲每一家电视台的门，但每次都碰了一鼻子灰。甚至他退而求其次想给一家体育专柜打工，也没能如愿。

就在这时，母亲的一句话让里根又有了动力，她对里根说："别急，好运总会到来的。"里根重整精神，搭车前往70英里外的特莱城。在那里，有一家WOC电台，听说节目部主任彼特·麦克阿瑟是位很不错的人。

可是，连这次机会都不愿意垂青于他：麦克阿瑟告诉里根，他们已经雇用了一名播音员。

当里根转身想要离开时，他眼角的最后一丝余光瞥见了麦克阿瑟的神情，好像欲言又止有些犹豫，里根知道，他的机会来了。于是，他大声地说道："要是不能在电台工作，又怎么能当上一名体育播音员呢？"

果然，就在里根已经走出办公室等候电梯时，突然听到了麦克阿瑟的叫声："你刚才说什么？你懂橄榄球吗？"接着，他让里根站在一架麦克风前，凭想象播一场比赛。

人生沉下去那么久，是为了有朝一日浮起来。里根在一群陌生人面前，滔滔不绝地开始展示自己的口才……

由于表现出色，里根被录用了。在回家的路上，他想到了母亲的话："如果你能够沉住气，能够吃苦，而且外加自己的勤奋努力，好运总会有一天来敲门。"

的确，那次经历成为了里根人生旅途中的新起点。它使里根懂得，一个人只要能够沉得住气，能把握住自己的心，就可以走出去敲开那一扇扇机会之门。此后，无论遇到什么事情，里根都尽可能地让自己静下心来，不去计较生活中的琐碎和困厄，为自己日后的成功奠定了很好的基础。

无论世事变幻，无论身在何处，静下来，才有可能听到心灵的声音；静下来，才有可能看到不一样的明天。在宁静的天空里，我们的世界与他人无关。宁静的心灵总是辽阔而宽广，不浮不躁，不争不抢；不去计较浮华虚伪，不去抱怨世事人情。有宁静的内心，我们才能舞出自己的节奏唱出自己的歌，听长久之音，做长久之事。

※ 一无所有，沉淀生活的浮躁

曾看过一个日本画家的画展，摆在显眼位置的几张画作描绘的无非是简单的花、树、山、房组成的画面内容，一幅人烟稀少的乡村风景。然而，恰恰是这份简单和宁静，给人以力量，让参观者印象深刻。画展的宣传语中就有一句海子的诗：天空一无所有，为何给我安慰。

宁静可以沉淀出生活中许多纷杂的浮躁，过滤掉浅薄粗鄙的人性杂质，可以避免许多鲁莽、无聊乃至荒谬的事情发生。这是一种气质、一种修养、一种境界、一种充满内涵的悠远。《大学》有云："知止而后有定，定而后能静，静而后能安，安而后能虑，虑而后能得。"很多时候，我们一直都在苦苦追寻幸福的足迹，奋力捕捉机遇的灵光。但幸福敲门的声音往往是轻巧的，只有怀着一颗浮华散尽之后的宁静之心，才能听得见她的召唤。

十几年前，一个小山村里住着一位老铁匠。由于时代发展、物质富足，早已没人去找他打制什么铁器。老铁匠随即改卖铁锅、斧头和拴小狗的链子。他的生意没有亏赚之说，老人每天就坐在老街店面的门里，货物摆在门外，不吆喝，不还价，到了晚上也不收摊。老铁匠就一个人，这点小营生也正好够他吃饭喝茶，他也不需要什么多余的东西，因此他很满足。

某一年的夏天，一个收藏古董的商人来到小山村，正好从老街上经过，偶然看到了老铁匠身旁的那把紫砂壶。只那一瞥，便看出整个壶身的古朴雅致、紫黑如墨，颇有清代制壶名家戴振公的风格。这让商人心里动了一下，赶紧走过去，顺手便端起那把壶。壶嘴内有一记印章，果然是戴振公的。商人惊喜不已，要知道，戴振公在世界上有捏泥成金的美名，据说他的作品现在仅存三件，一件在美国纽约州立博物馆展示，一件在台北故宫博物院珍藏，还有一件在泰国某位华侨手里，是1995年在伦敦拍卖市场上以16万美元的拍卖价买下的。

商人欣喜若狂，一时间端着那把壶不知所以。老铁匠看着奇怪，走过去和商人打招呼，商人这才缓过神来。嗫嚅了半天，他才说出有意购买此壶的心愿。当商人说出10万元这个数字时，老铁匠简直震惊坏了，以为自己听错了。他拿回那把壶仔细看了半天，最后拒绝了商人，因为这他爷爷留下的，他们祖孙三代打铁时都用这把壶来沏茶喝。

商人万般不舍地离开了，老铁匠当天晚上却有生以来第一次失眠了。这把他用了近60年的壶，从来都没当回事的物件，现在竟然有人要以10万元的价格买下它，这让他一晚上都没敢相信。

从那以后，他再用那把壶喝水时，不像以前悠闲地躺在椅子上，闭着眼睛把壶放在小桌上了，而是每喝一口，都要坐起来看一眼，那个别扭劲儿，让他觉得十分不舒服。更严重的是，当四里八方的人们听说老街上有一把价值连城的茶壶后，都纷纷前来，向茶壶的主人“求宝”，还有的向他借钱。老铁匠的生活被彻底打乱了，他不知该怎样处置这把壶。

后来，那位古董商人又来了，并且是带着20万元现金。这次，老铁匠再也坐不住了，他招来左右店铺的人和前后的邻居，拿起一把斧头，当众把紫砂壶砸了个粉碎。

老铁匠的生活又恢复了卖铁锅、斧头和狗链子的日子，直到今天，据说他已经102岁了。

很多时候，我们都忙碌地奔走于人潮汹涌的街头，浮躁之心便油然而生。现代人似乎已经找不到一个可以冷静驻足的理由和机会，在追求效率和速度的同时，也就失去了一个人的优雅，内心的声音便在这种繁忙与喧嚣中被淹没。那种恬静如诗般的生活，那种“风物长宜放眼量”的情怀，早已成为现代人遥不可及的幻想。在满眼浮躁的群像中，青年人不能安心向学，中年人焦虑不安，老年人失望自弃；心理学家管这种全民浮躁现象称为“时代的基本焦虑”。人们开始感到逼仄、狭窄，开始去求医、问药，期待在内心阴郁的日子里寻求心灵上的平衡。

国学大师陈寅恪在一次演讲中告诫学生：“心有浮躁，犹如草置风中，欲定不定。”你可以说是世界变化太快一切还来不及适应，也可以说由于走得太急心灵跟不上节奏，但无论什么时候，心浮气躁都是腐蚀心灵的最大祸首，是我们一生都应该警惕的。

庆幸的是，我们可以通过专门的方法或有意识的训练来培养一种内心平静的状态。利用简化的力量管理自己的情绪，排除外界的干扰，专心致志去做自己喜欢的事情，并且享受这种乐趣。

比如，我们可以先试着停止抱怨。有的时候，事情并没有好坏之分，只是看问题的心态和角度不同罢了。如果那些让你烦躁不安的困扰始终过不去的话，那不是它在纠缠着你，而是你的心灵一直在搅动。最好的办法就是停止抱怨，让心灵上的污垢自己去慢慢沉淀。除非你愿意让自己烦躁的心情平静下来，否则那些烦恼的处境永远都不会改变。

然后，利用简化的力量，远离尘嚣，给自己一段独处的时间。正如大自然的四季轮回一样，生活也需要节奏的调整，要有忙碌的奔波，也要有安静的独处。我们不妨一个人到山里走走，感受大自然的力量，让内心真正沉淀下来，倾听自我，认识本真，才不会轻易被外物所侵扰。

人生总会遇到风雨和暗流，或者一次刺激的旅行，或者一段浪尖上的奔波。但终究还是会在体验过百味，沉淀了岁月之后，一切归于宁静——这便是生活。

※ 你有权力但没有资格抱怨

“我今天请大家不要抱怨，如果你想成功，看任何问题都要积极乐观地看，这个时代还不是你的。你们有权力抱怨，但你们没有资格抱怨；等你们四五十岁的时候，你们有资格抱怨，但你没有权力抱怨，因为你必须把它干好。”

2013年，在一个电子商务论坛上，马云说出这样一句话：心态决定姿态，姿态决定生态。他说：“今天我来讲创业，不想具体谈怎么做一家公司。人的心态决定姿态，再决定你的生态，心态好其他自然会好起来的。”

几个月后，阿里巴巴10周年纪念大会在北京举行。更值得庆贺的时刻还在后面：阿里巴巴这家全球最成功的电子商务公司正准备进行首次公开发行（IPO），预计其市值将远超1000亿美元。这位被英国《金融时报》评为2013年度人物的亿万富翁，就是作为中国企业家精神“教父”的马云。

出生于杭州传统艺术家庭的马云，从小就继承了父母的表演天赋。然而，父母的谋生手艺——评弹在特殊的历史时期遭到禁止，马云也就断了这个念想。

随着中国向世界开放的脚步，对英语感兴趣的马云决定，全身心地投入到英语的学习中去。有整整9年时间，他每天天不亮起床，骑上自行车直奔杭州大酒店，和那里的外国朋友交朋友，免费当导游，以练习自己的英语。

大学毕业后，他顺利地在当地一所高校担任英语老师，后来又成立了一家翻译公司，使得他有机会去美国出差，在那里接触到了互联网。

在创办中国黄页（China Yellow Pages）失败之后，马云进入中国对外经济贸易部工作。有一天，他被指派陪同一位美国游客游览长城。这位游客就是雅虎联合创始人，杨致远。事实证明，这次的见面成了两人事业生涯的转折点。

1999年初，马云联合17位朋友在他位于杭州的公寓里创建了阿里巴巴。他发表了励志演讲，展示了自己的雄心、愿景和战斗精神。

2003年，阿里巴巴首次实现了小额盈利，同时为了与美国电子商务集团eBay竞争而创建了淘宝网。到2007年，eBay在中国的市场份额从80%降至不足8%，实际上已经退出了中国市场；而淘宝的市场份额飙升至84%，这让马云成为无可匹敌的中国电商之王。

如今，阿里巴巴的销售额超过了eBay和亚马逊之和，占到了中国国内生产总值（GDP）的约2%。中国所有的快递包裹中约有70%来自于阿里巴巴的销售，中国电商交易中大约有80%是通过阿里巴巴的网站进行的。

马云的积极和乐观的精神鼓舞了很多人。正如《不抱怨的世界》中说到的："凡是你所渴望的东西，你都有资格得到，快朝梦想前进吧。不要打压自己、替自己找借口，或是假借批评和抱怨，将注意力转移。你应该要接受不安感来袭，同时在这样的时刻支持自己。"

抱怨是成功的天敌，抱怨是快乐的克星，抱怨是弱者的标签，抱怨是人生的毒药。抱怨，只会让一个人对现状泄气，失去前进的动力，更不会想办法去改变现状。有位哲人曾说："这个世界上最多的东西有两种，一种是穷人，另一种是抱怨，且两者之间存在着鸡和蛋的关系。贫穷孕育了抱怨，抱怨又腐化了贫穷。人们越穷越抱怨，越抱怨越穷。”要想获得充实、安定的生活，与其抱怨他人，不如改变自己。我们自身改变了，一切都将会变得不一样。

2006年，美国知名牧师威尔·鲍温发起了一场“21天紫手环运动”，意在减少抱怨、改变人生。参加者被邀请戴上一条特制的紫手环，这条手环上写有“A Complaint Free World”（不抱怨的世界）和“SPIRIT”（在这里代表“改变的精神”）字样。只要一察觉自己有抱怨，就将手环换到另一只手上，以此类推，直到这个手环能持续地戴在同一只手上（也就是说没有换手）21天为止。

不到一年时间，全球有80多个国家的600万人参与其中。2009年4月，随同《不抱怨的世界》一书在中国的面世，中国也已经有数百万人开始加入。某位女演员戴上紫手环，第一天没有换手，但是两三天后开始换手。“那天赶上楼里的电梯又坏了，我觉得真麻烦！不过后来没再为电梯抱怨了。以前很多事情一出，第一反应就是别人怎么了，现在不这样想问题了，更多的是找自己的不足——环境或他人，没义务为你做什么。”

她还在和朋友聊天中谈道，“你对事物的态度，决定它带给你的是好能量还是坏能量。在剧组拍戏总吃盒饭，很多人说难吃，但即便天天是熬白菜，我也会觉得它真的好吃。食物也是有‘生命’的，你认为它好，吃下去，其中的成分在你身体里起的作用才是好的。”

的确，说话的模式在很大程度上可以反映出我们的思考方式，而这正好造就了一天的生活。一些不快乐的负面话说多了，你接收到的自然是负面与不快乐；说一些感恩的事，会为你带来更多喜乐的事。

房龙说："当世界抛弃了你，而你又无法改变时，你才有权利抱怨。"还记得那部《风雨哈佛路》的电影吗？那个叫莉斯的女孩，没有良好的家庭环境，甚至从小就经历了许多人生的辛酸和艰难：父母吸毒，无人照料，生活拮据，受到歧视……但这一切都没有动摇她一直坚持着的理想，她没有丝毫的抱怨，只有一个信念——成为哈佛学生！最终，莉斯凭借不懈的努力，走进了哈佛大学，彻底改变了自己的命运。

抱怨没有一个殷实背景的家庭，抱怨无法受到良好的教育，抱怨别人没给自己机会……其实这些抱怨的背后，都是在为自己找到一条不去全力以赴的借口。命运尚且可以改变，更何况是眼前一点点的困境呢？因此，不要再认为那些成功人士只不过是一时走运，要知道，任何奇迹都是通过努力创造出来的。无论征途多么艰难，他们都一如既往的坚定，不放弃不抱怨，脚踏实地一路向前。

身心灵作家张德芬说过，抱怨是最消耗能量的无益举动。其实我们不妨这样看：天下只有三种事，我的事，他的事，老天的事。抱怨自己的人，应该试着学习接纳自己；抱怨他人的人，应该试着把抱怨转成请求；抱怨老天的人，请试着用祈祷的方式来诉求你的愿望。这样一来，你的生活会有意想不到的转变，你的人生也会更加美好而圆满。

※ 慢一点，也会有你的世界

前不久，某浏览器推出了最新的宣传文案：“我要的立刻就要”。图文并茂的表现对当今“80后”、“90后”年轻一代的整体把握很准确，“抖脚”、“转笔”、“咬指甲”等类似的动作正是现在年轻人在着急与不耐烦的情境中下意识的感情流露。“我不耐烦，我要的立刻想要”，想成功、想实现自我的急切心态，淋漓尽致一览无余；“能快则快，废话不说，废事不做，废时不候”，这就是这个时代，也是对年轻人群的洞察。

然而，很多人看了这样的文案之后，表示更加焦虑。在梦想面前立刻出发，这一点毋庸置疑。然而，在勇于追梦、立刻出发的行动之路上，也需要对生活更加细致的观察和体悟，也需要有慢一点的心态和智慧。在慢生活中沉淀下来思考，反而会对梦想的实现提供帮助。追求梦想、立刻出发和偶尔的慢生活之间，其实是有着莫大的关联的。快与慢，相辅相成才是大道，大开大合才是智慧。

不是所有的“快”都能带来效率，也不是所有的“慢”就都没有出路。好比昙花一现，虽然一瞬间的美丽惹人怜爱，却总因刹那陨落而难以在百花争艳中彰显芳容；参天古树往往都枝繁叶茂，岁月愈长久主干愈挺拔，只因它不急于一时的汲取，百年根基，扎深扎稳，才有了不畏暴风骤雨的威严。

有个男孩出生时比正常婴儿晚了半个多月，母亲因此难产，差点要了性命，这孩子便被周围人视为不祥之兆。长到3岁多了连爸爸妈妈都不会叫，父母担心他是哑巴，曾几度带他到医院检查。后来，他总算开口了，可直到9岁的时候，他讲得每一句话都像是攒足了浑身力气才从牙缝里吃力地挤出来似的，不要说流利，只有家里常和他在一起的亲人才能连蒙带猜地明白他的意思。

二年级的暑假，老师在成绩册的最后给他的评价是："智力迟钝，不守纪律"，并且毫不客气地对孩子的父亲说："你的儿子将来不会有什么出息。"这让这个"事事做不好，处处不招人喜欢"的10岁男孩很自卑，甚至想到了逃学。

有一天，父亲带他到郊外散心，来到两棵树前，一高一矮。父亲问他："你知道那两棵树叫什么吗？"

男孩呆呆地回答："不知道。"

"爸爸告诉你，高的叫作沙巴，矮的叫冷杉。那么现在你觉得，哪种更珍贵？"

"沙巴树。它长得那么高，肯定比那棵又矮又细的值钱。"

"错了！长得快，木质一定疏松；长得慢，木质坚硬才值钱。而且，贪长的树不成材。你别看沙巴树现在长得疯，三年之后它就越长越慢了，我还没有见过超过10米的沙巴树呢！冷杉就不一样了，它现在长得慢，可是它始终如一地坚持生长，而且寿命极长，活上万年都不成问题。"

父亲看着男孩吃惊的眼神，把他拉到一棵大树面前，努努嘴，示意给男孩看。好家伙！男孩几乎把头抬到了九十度仰望，这是一棵直插云霄、枝繁叶茂的大树。

父亲应时地告诉他："这就是一棵千年冷杉。"

这回，男孩似乎一下明白了什么，他仰头对父亲说："爸爸，你是想叫我做一棵树，一棵虽然长得慢但永远向上的冷杉树，对吗？"站在一旁的父亲满眼爱怜地点了点头。

此后，男孩不再逃学。即使再遭到老师和同学的讥讽，他也不沮丧，仍然兴致勃勃地继续做，继续学。在男孩亲手制成的一个个作品前，父亲和孩子一样兴奋，因为他从粗糙的做工中看到了儿子的韧性。

这个男孩的名字，叫爱因斯坦。

其实，漫漫人生路上，无论你的脚步有多快，也都无法预知下一站的风景会是什么。与其辛苦追赶，不如恬淡安然地按照自己的节奏去行走，享受一路上的山川花草、曲水流觞，享受平淡时的一杯清茶，热烈时的一个拥抱，在色彩缤纷的旅途中创造每个人不同的世界。

如今的很多时候，"快"是为了不落下，"赶"是为了不失去。仔细想想，我们真的清晰地知道什么是"你的世界"吗？或者说，大体上每个人都有两个世界，一个是"你"的世界，另一个则是"别人眼中的你"的世界。我们总要紧跟别人的脚步，追赶时代的节奏，总怕一不留神就失去了整个世界。

你我皆行者，各自有天地。有人说，世界上只有一种成功，就是以自己喜欢的方式过一生。你可以不去学应酬、赶场子；可以不去违心地迎合，委屈地服从；可以不像同龄人那般"成熟""上进"，不随便以一种基调定格人生；你可以像她一样，只喜欢简单一点的慢热生活——同样，她会有她的天地，你会有你的世界：

“二十几岁的我就这样慢热地生活，二十岁才考上心仪的大学，二十五岁才找到相对稳定的工作。很多与我同龄的女孩子都开始步入婚姻的殿堂，开启人生新的篇章，而我像一个职场‘菜鸟’似的，一边工作一边学着怎样为人处世。”

“老妈因此总是一副着急焦虑的样子，隔三差五就买来本《二十几岁决定女人一生》的书，指着我的头说，你看看你都干了些什么。有人说，二十岁碰不到好男人就不能在三十岁前嫁个好丈夫，你要赶紧；有人说，二十几岁趁早把孩子生了，反正都要生，早生早恢复，孩子也好养；有人说，二十几岁不打扮，等嫁人生孩子了就更没有机会打扮了。”

“这些说的都对——但是，我就是不想如你们期待的那样活着，我喜欢按照自己的节奏谱曲，喜欢这样慢热地生活。”

梁漱溟先生有本书叫《这个世界会好吗》，其中的一段话说到了人生的根本：人类面临着三大问题，顺序错不得。首先要解决人和物之间的问题，接下来要解决人和人之间的问题，最后，则要解决人和自己内心之间的问题。

的确，身处凡世，从小求学到三十而立，谁不是在解决让自己有立身之本的人与物之间的问题？没有学历、工作，没有钱、房子、车子这些物的东西，凭什么在三十而立之后，为人父为人母？为人子女为人夫为人妻，工作、生活中，处处与人打交道，人与人之间的问题，谁又能不认真而辛苦地去面对？

但是，随着人生脚步的前行，走着走着，那条生命终点的横线便依稀可见。终究，人们要面对自己的内心，你是谁？你的世界又是什么？而这种面对，在纷繁复杂的今天，让忙碌的人们无暇思考。

而这，是我们都必须要的答案。

※ “熬”青春，谁人不能少

很多时候，我们不是没有时间等待，而是害怕放慢脚步，害怕因为等待而浪费了青春。急于求成、急功近利，以为没有了等待，前进的步伐就会走得快一些。

然而，从生命孕育的那一刻开始，它就是过程的进行时，不该以过于急躁的心态去苛求结果的完成。耐不住过程中的循序渐进，守不住实现中的脚踏实地，结果只能事与愿违。

一个乡下人在离市区较远的村庄批发了整整一车西瓜，专门借了辆拖拉机，准备运往城里，希望能卖个好价钱。

村子里不像城市的街道都铺了柏油路，从村口出来，一路上坑坑洼洼、弯曲不平，让这个不是本村的乡下人有点摸不着正道，心里没底儿。于是，他停下车，向路边的一位农民打听，这里离大路还有多远。

老农看了一眼他身后满车的西瓜，答道：“慢慢走，再过十分钟就能到大路了。”老农不放心，又补了一句：“但是你千万别着急，赶快了倒不好了，不但浪费你更多时间，甚至有可能这一趟你都白拉了。”

“这是什么道理？”乡下人心里默默想着，疑惑不解。

想着老农说还有十分钟就能上大路了，乡下人心里直高兴，完全不顾老农的建议，开足马力“嘟嘟嘟”地提速前进。不料还没走几米，拖拉机的车轮就撞到了石头上，装满西瓜的车猛烈地摇晃了一下，西瓜滚落到地上一大半。由于车速的冲击力太大，轮胎也被锋利的石头尖划破了。

无奈，西瓜赔本不算，还要修补轮胎。乡下人在这前不着村后不着店的路上折腾了很久，直到天色渐黑，才算弄好。此时，老农的话回响在耳边，乡下人才如梦初醒，恍然大悟。

很多人总以为只有速度越快，到达目的地的时间才越早，在应该耐心等待的时候选择了匆忙地行动，不顾一切地向前冲，弄得浮沉扰攘、心浮气躁。殊不知，生命的过程本就是一个漫长的行走，哪能奢望一步到位？其实等待本身就是行走中的一个环节，有时甚至比行走本身更重要。只是有些人等得急躁，有些人等得充实，不同的心境决定了不同的命运。

有一本心理学小品读物《少女布莱达灵修之旅》，是巴西著名哲理作家保罗·科埃略写就的，他在其中有过这样一段精辟的见解："对人生，有两种不同的态度——建造或者耕耘。建造者实现目标可能要花费多年，但终有一天会完工，那时他们会发现自己被困在亲手筑成的围墙里；在收获的同时，生活也失去了意义。选择耕耘者则需要经受暴风雨的洗礼，应对季节的变换，几乎从不歇息，他们允许人生充满不考虑未来、不考虑收获的冒险。"

建造者时刻关注的是，自己离目标还有多远，眼下所做的每一次努力会给自己带来多大的收获；而耕耘者则认为，耕耘的过程本身就已经收获了，所以他们不着急，不慌忙；不计辛劳，不问收成，倒是获得了许多心理上的满足。

如今，很多孩子从小就被灌输一个观念：一定要努力抓紧把书读完，最好博士毕业，再去找份好工作。从表面看，这样的教育好像是安心学习、沉得下去的体现，其实越到后面这书读得就越浮躁：花钱求人找代笔，投机取巧写论文，费尽心机上杂志……说来说去，还是太急，经不起岁月的打磨，熬不住青春的历练。以至于当下许多青年人选择先成功后成长，先找工作再找兴趣，先出人头地再寻找自我。回想一下，我们听到过多少这样的抱怨："这份工作让我感觉迷失了方向，我不知道自己到底适不适合这份工作？"但当问及他自己到底喜欢做什么的时候，得到的却是嗫嚅许久、答不上来。原来，比"不能从事自己喜欢做的事"糟糕一百倍的，是根本"不知道自己喜欢做什么"。

相比之下，国外年轻人经常发起的"间隔年"，反倒更容易找到属于自己的生活。一个澳大利亚女孩在大学毕业后去当地电视台做了两年出镜记者，后来停下工作去欧洲游历了一年。回来后，又报考并念完了一个哲学和一个经济学的硕士学位。没过多久，她又去了非洲做义工。等她回来和她一位大学师姐成为一项名叫"人权"研究项目的搭档时，她已经34岁了。

很多人都不理解她的选择，问她读完硕士为什么不直接继续读博士？

"我在生活中发现一个新的兴趣点才跑来念一两年书，但这些兴趣的程度都没到博士那么深入，而博士研究的方向很可能是一生的事业。"

"那你毕业后都36岁了，做什么呢？"

"我现在似乎还不能确定。"

读书深造未必是为了找到更好的工作，游历世界也未必是"过渡阶段”；个人阅历的增加，视野的扩大以及自我成长的完善，都能够帮你在更大的世界中发现自己身上的更多可能性。生命本来就是个沉淀的过程，又何必急匆匆地往学位、工作的阶梯上爬呢？

如果你时常参加当今社会上颇为普遍的文化沙龙，或者名人讲座，就会发现，在最后的提问环节，几乎很难被错过的一个问题就是：“××老师您好，请问您对当代年轻人有什么看法和建议？”

据一些讲演者众口一词的抱怨，这几乎是令他们最反感、最厌倦的问题。冷静下来想，也许这个问题背后隐藏着一个连提问者自己都很难意识到的心理成因：请告诉我们如何才能像您一样出人头地、取得成功？

一位学者感叹：“一个年轻人恳请一个老东西教自己如何面对新鲜世界，荒唐吗？”陈丹青就曾经忍受不了这样的状况，干脆说，爱干吗就去干吗，关我什么事？你们好不容易生在一个可以自由选择的时代，却还想让别人指导你该怎么活。

他在给贾樟柯的书写序时说：“我们都得一步一步救自己，我靠的是一笔一笔地画画，贾樟柯靠的是一寸一寸的胶片。”

是啊，漫漫长途，怎么可能有条一马平川叫做“成功”的路供你走呢？喜欢什么、该做什么、走什么样的路，难道不是循着内心的声音一步步试错、摸索出来的吗？谁的人生不是如老汤一样一点一点熬出来的？走岔了就退回来，走得急就慢一些。那些我们曾经做过的温暖而可爱的小事，就是成功。真正令我们感到自己存在价值的，是那些实质性的东西，而实质，注定需要过程。

在人生的道路上，一个心浮气躁、缺乏耐性的人，往往会因小失大，因为眼前的芝麻而错失远方的西瓜。缺乏一时的耐心，往往会用一世的耐心去弥补。如果熬不住等不及，就有可能永远熬不出等不到。

花落自有花开时，真正懂得生命的人，是用心感知每一分每一秒，脚踏实地过着此刻的生活。纵使霉运连连不尽如人意，纵使一个个棘手的问题摆在面前，也要能在烂摊子面前把线索一点一点拾起，耐心做好该做的，把成败置之度外。这样的人其实更容易一不小心就走得很远。那么，他所完成的任务，所成为的自己，所得到的成就，都是刻在骨子里平实而耀眼的快乐。

※ 做一株地中海的蒲公英

在中东地区，犹太人有这样一个古老的习俗：常常喜欢把一种生长在地中海东岸沙漠中的蒲公英作为礼物送给亲友，以表示对对方的尊敬和祝福。

这是一种“有个性”的植物，它并不按照季节来舒展自己的生命，如果没有雨，它们一生一世都不会开花。然而，但凡有一场雨，哪怕雨量再小、时间再短，它们都会抓住这一难得的机会，迅速张开自己的花瓣，并抢在雨水被蒸发干之前，做完受孕、结籽、传播等所有的事情。

把这样的蒲公英花籽埋在花盆里，只要浇水就会开花。中东地区的人们认为，在这个世界上，穷人发展自己、提升自己的机会就像沙漠里的雨水一样少；但是只要拥有了沙漠蒲公英的品性，坚韧生长，默默等待，机会来临时就果敢地抓住，利用一切条件努力向上，就一定能成为了不起的人。

有时，我们的处境就如同沙漠里的蒲公英，转瞬即逝的机会就是沙漠里珍贵而又稀少的雨水。种子因为努力和等待而日益成长，我们每一个人也只有在干旱恶劣的困境中等待时机，默默积攒力量，才能在得来不易的甘霖中舒展生命。

在前进的道路上，如果没有耐心去等待成功的到来，那么，我们终将用一生的耐心去面对失败。因为站得高，所以不骄；因为看得远，所以不躁。我们不当懦夫，更不能成为莽夫。当我们面对人生的难题，无需冲动盲目，无需心灰意冷；只要沉心静气地“厚积”，终能等到“薄发”的一天。

生命的过程，其实就是等待的过程。从我们出生开始，日子就一直在等待中度过。只是，有些人等待得急躁，有些人等待得充实，不同的心境决定了不同的宿命。

有一个默默无闻的女孩，骨子里却有着惊人的耐性。

中专毕业的她做了老师，两个月后，她感觉这份工作并不适合自己，便毅然决然地辞职，只身一人来到北京，报考了中央戏剧学院。

上学期间，同学们争相参演电视剧，可她却从来不争。她知道，现在还不是时候，人生的路还长，不能太急，把内功修炼好了才是最重要的。看着身边的同学一个个出道成名，她依然不急，依然是那样平静。

终于，经过努力，她等到了一只属于她自己的美丽的“孔雀”。凭借电影《孔雀》，她一举获得了柏林电影节银熊奖，有人将她捧为“继章子怡之后中国影坛又一个幸运儿”。这个美丽漂亮的女孩就是张静初。

当花环锦簇、荣誉加身时，张静初只对外界淡淡一笑，说：“有些人是以长跑的姿态进入跑道的，有些人则以短跑的姿态进入跑道，暂时落后了你不能急躁，必须明白自己是跑长跑的，耐力和定力最重要。人生是一场马拉松，赢到最后才叫赢。”

是啊，人生这场马拉松之程，千万别急求一步到位跑到终点，而是需要足够的耐力和技巧，跑过起点，跑过中途，跑向目标。就像上学时体育老师所说，不同的跑步要有不同的技巧：若是50米短跑，需要短时间内爆发所有的力量；若是100米短跑，就得稍稍控制体力，以确保从头到尾都能保持很好的速度；若是400米、800米中长跑，那么一开始就不能太使劲，以确保后段路程的体力；若是1000米以上，那就不能靠急性子和爆发力了，而要靠不紧不慢的持久力和忍耐力。

不要把等待视为一种浪费，那也是行走的姿态。罗马不是一天建成的，成功也并非一气呵成，真正的幸福更是来得缓慢。步伐停下了，可思想还可以运转；事情暂时中止了，可时光仍在流逝；现状或许不堪，可周围的事物却可能悄然发生着变化。梅花斗雪凌寒，独立寒枝，那是在等待春天的阳光；孤云出岫，一无所系，那是在等待彩虹的出现。我们要学会在这种积极的等待中寻觅机会，驱散阴霾，走向未来。

著名歌手韩红在1998年以后，短短几年，就获得了包括第45届格莱美最佳女艺人奖在内的30多个具有影响力的大奖，她的一些代表作在流行乐坛也产生了广泛的影响。一个身材胖胖、长相平平，没有任何背景的女孩，以她对挫折、失败的独特理解，给了“学会等待”新的诠释。

韩红6岁时就遭遇了人生的重大变故：父亲去世，母亲改嫁，韩红只好跟着奶奶和叔叔一起生活。后来，她凭借自己的努力好不容易进入二炮文工团，可由于她的形象，文工团很多人都觉得这个胖女孩没什么潜力，更不会有什么好的发展。被挤出文工团的韩红转入通讯站当总机接线员，一干就是十年。在这期间，她始终没有忘记自己的梦想，始终相信自己总有一天会成为一名优秀的歌手。

都说“十年磨一剑”，1995年，她考入解放军艺术学院音乐系，同年获得中央电视台音乐电视大赛铜奖，自此，她的演唱事业如日中天，一发不可收拾。

谈到自己曾经遭遇的委屈时，韩红轻描淡写地说：“我不抱怨，我只是怀才待遇。只要有机会就准能让我遇着，让我张了嘴就能把好歌唱出来。”

耐跑的马脱颖而出，坚持的人笑到最后。十年磨一剑，是一种把控的能力，是认准目标坚定步伐的毅力，是排除忧扰甘于寂寞的心态。更重要的是，无论遇到怎样的困难，都能沉而后发、静而后动，最终走向目标的彼岸。

给梦想以时间，静心等待，专心努力，不为外人的偏见所束缚，相信明天，相信未来。如著名作家斯特朗所说：“一切努力都为了追求那事物内在美的实现，千万别丢了理想，丢了信念。要坚信，一切都是为了更美好的未来。别催促上帝的安排，给生活以时间，去把理想实现。”

第7章

没有一种付出，回报的是谴责

励志大师托尼·罗宾斯说：“识别你所面对的问题是什么，你就有力量与勇气去解决它。”不是每个人的成功都是一剂良药，冲水即食；不是每个人的成功都是一条咒语，默念即灵。但是，成功的每个人，都曾在他们青春里呐喊过，失望过，彷徨过，失意过，却从未放弃对理想的坚持。你只需记住，没有哪次行动会带来100%的失败。你是唯一一个该为你的成功负责的人。一次实实在在的行动，有时候可以抵过十次甚至几十次反反复复的述说。因为语言很容易被人忽略甚至省略，只有行动，才能让人无法忽视它的存在感。

※“起码我试过了”也是一种勇气

有一部反映追求自由和人性回归的影片，里面一句台词不知触动了多少人的心：“总算试过了，起码我试过了！”

一个宁可躲进精神病院的流浪汉麦克默菲，是这部影片的主角。

麦克默菲本来是一个健康的人，只不过为了不受疾苦，便混进了精神病院。谁知精神病院里的生活枯燥乏味至极，让麦克默菲忍无可忍，生性幽默机灵的他常常违抗医院的命令。

这天，所有的病员如往常一样，准备接受护士长拉奇德小姐的心理治疗。就在这时，麦克默菲一声“报告”，把所有人都吓了一跳。他说，白天有世界棒球锦标赛的实况转播，而心理治疗可以调整到晚上再进行。

拉奇德小姐当然不会同意，她严肃地对麦克默菲说：“你要求的是改变一项经过仔细研究后制订的规章制度。”

麦克默菲却狡黠地笑笑：“小小的改变没有害处。”

“可是这样，会让有些已经习惯了这样作息制度的病人感到不舒服的。”

麦克默菲也不让步：“这是四年一次的世界棒球赛，比赛结束以后，还可以改过来的。”

拉奇德小姐一时语塞，退让了一步：“好吧，让我们进行一次民主表决，按多数人的意见办。”

这种民主的方式是麦克默菲十分赞成的，“好极了！”他第一个高高地举起了手。紧跟着，病员切斯威克也举起了手。泰伯也想把手伸出来，却一眼看到了拉奇德小姐冷峻的目光，吓得马上又把手缩了回来；马蒂尼手刚举起，吓得停留在头顶，装着抓痒；塞夫尔把手放在胸前，两眼看着四周，若是大多数人都举手他就举。虽然大家都想看球赛，但是慑于拉奇德小姐的威严，他们还是退缩了。

拉奇德小姐得意地宣布：“只有三票。对不起，不能按你的意见办。”说完，转身向办公室走去。

麦克默菲十分愤慨：“这就是你们的作息制度？我可要进城去看棒球赛，谁愿意和我一起？”

只有切斯威克依旧紧跟，举起手来：“我跟你去！”其他人都纷纷劝说：“麦克，你出不去的。”

麦克默菲才不会就这么轻易放弃，他指着屋子中间的水泥墩对众人说：“出不去？我要用它砸碎窗户。”

马蒂尼走过来，安慰似的拍拍麦克默菲的肩膀，憨憨地说：“你举不起它的。”

麦克默菲搓了搓手，使劲抱住那个水泥墩，只见那个大块头一动没动；再一次憋足了劲用力，还是动不了。突然，麦克默菲大声叫起来：“无论如何，我总算试过了，起码我试过了！”

虽然麦克默菲最后什么都没留下，甚至连原本健康的身体都“被治疗”得躺在床上，但影片结尾处才是他留下的真正意义：“酋长”齐弗抱起被做了额叶切除手术的“白痴”麦克，一边泣不成声地说“我一定会带你离开这里”，一边不忍再看到朋友忍受折磨而用枕头将其闷死。随后，齐弗来到浴室，再次抱起麦克墨菲的“遗愿”——沉重的压力水箱，砸坏了医院的铁窗，引导着麦克墨菲的灵魂离开了精神病院。

那一刻，麦克墨菲的“传说”终于变成了现实。

若把人生拉长来看，有很多事情的价值不在于结果，而是付出。不管能留下什么，至少尝试过，经历过，就已经是给了自己一个答案。敢抱着一份“起码我试过了”的心态，心无杂念地去为前面的路而“探道”，才是能在心灵中感光的最有美感的胶片。

很多人总是认为结果也好回报也罢，都是和天赋有关的。那些取得非凡成绩的人，是因为他们本身就具有“天才基因”或“天才属性”。实际上，心理学家K.安德斯·埃里森指出，因为惧怕失败而不去努力付出，即使有天才的天赋和属性，也将变得没有丝毫意义。他和两名同事一起做了一个“一万小时练习”的实验，来证明这一点。

20世纪90年代初期，安德斯·埃里森和两名同事在柏林精英音乐学院教授的帮助下，将学校的小提琴手们分成三组：第一组是“种子琴手”，都是有潜力成为世界级演奏家的学生；第二组的学生仅仅是“不错”；第三组学生更大的可能，是在公立学校系统中做个音乐教师而已。所有的学生都被问到一个问题：从你第一次拿起小提琴开始，至今你一共练习了多少小时？

经过调查统计发现，三组学生开始拉琴的年龄几乎一样，都是在4岁左右。最初几年，每个人练习的时间大致是每周2～3个小时。但是当他们8岁时，区别开始出现。那些如今显示出最有前途的学生，开始练习得比其他人更多：9岁前每周6小时；12岁前每周8小时；14岁前每周16个小时，不断累加；到了20岁时每周练习30个小时以上——这时他们满脑子想的都是怎样把琴拉得更好。事实上，到20岁时，第一组的学生大都已经练习了累计1万个小时以上，而第二组仅仅称得上“不错”的学生，累计练习了8000个小时；至于那些未来会成为音乐老师的孩子，则只累计练习了4000个小时。

然后，埃里森和他的同事们比较了业余钢琴家和职业钢琴家。同样的规则中，童年时期，业余钢琴家每周弹琴从未超过3小时，到20岁时他们的累计练习时间是2000小时。与之形成对比的是，职业钢琴家稳步地提升每年的练琴时间，到了20岁时，和小提琴演奏者们一样，他们累计练习时间已经超过1万个小时。

在埃里森和同事的研究中，并没有发现任何“天赋”的影踪，比如当同龄人都在辛苦地练琴时，谁也不能毫不费力地就达到了很高水平。在有了98%汗水的基础上，那2%的灵光才有可能会闪现。

无论是作曲的莫扎特还是现场演出的披头士，没有谁是所谓的天才，他们都经过了至少一万个小时的练习。

1960年到1962年底，披头士到汉堡去了五次。第一次，他们演了106场，每场5个小时以上。第二次，他们演出92场。第三次，他们演出48场，在台上172个小时。最后两次汉堡之行在1962年11月和12月，一共是90个小时的演出。加起来，他们在一年半的时间内演出了270场。到他们1964年一鸣惊人时，他们大概现场演出了12000小时。

这个数字的惊人之处在于：今天的很多乐队，整个职业生涯也没有演出过12000小时。

对于努力尝试的人，从来不会有某种谴责让他感到难过。科学家卡莱尔曾经说过：“要迎着晨光实干，不要面对晚霞幻想。”人不能只沉迷于美好和远大的理想之中，更要持续不断地坚持，一步一步地执行。不要因为害怕失败就不去开始，从说到做，是质的跨越，就像从0到1的距离，往往大于从1到100的距离。

※ 有些事现在不做，永远也不会做

拿破仑说：“想得好是聪明，计划得好更聪明，做得好是最聪明的。”要“做”求成功，而非“坐”等机会；虽一字之差，却谬以千里。这让人不由想起一个笑话，老套却实在：

很久以前，有个虔诚的教徒，几乎每天都到教堂去祈祷，而他每次的祷告词也几乎一模一样。

这天，他来到教堂跪在神像前，双手合十低头默念：“上帝啊，请念在我多年来敬畏您的份儿上，让我中一次彩票吧！”

没过几天，他又来到教堂，这一次，他显得有些垂头丧气，但他仍然跪着祈祷说：“上帝啊，为什么我就中不了彩票呢？我愿意更谦卑地来服侍您，求您让我中一次彩票吧！”

又过了几天，他再次出现在教堂，同样重复着他的祈祷。如此周而复始，不间断地祈求着。到了最后一次，他跪着：“我的上帝，为何您不垂听我的祈求？让我中一次彩票吧！只要一次，让我解决所有困难，我愿终身奉献，专心侍奉您……”

就在这时，圣坛上响起一个宏伟庄严的声音：“我一直在垂听你的祷告，可是，最起码你也应该先去买一张彩票吧！”

是啊，想中奖至少该先买张彩票吧？或者说，想要梦想成真，总该先为梦想行动起来，去做点什么！这个世界总是以一个人的行动来确定他的价值，除非我们付诸行动，否则一切都毫无意义。

实际上，很多人并不是倒在追求梦想的路上，而是停在梦想成真的行动力上。“慢慢来”的前提是总要有一个开始，否则只能一辈子活在对别人的羡慕之中，最后只有一个由无数“想想而已”“说说而已”组成的乏味空洞的人生。

拥有数亿美元保险帝国的W.克莱门特·斯通在管理企业时，有一套自己独特的方法：每天早晨员工全部到齐后，他要求包括自己在内的所有人在开始工作前大喊三声“现在开始”，然后再投入到当天的业务处理中。在工作中，一旦觉得自己变得懒散但又还有必须做而没做完的事情时，不妨停下来大声说“现在开始！现在开始！现在开始！”

对此，W.克莱门特·斯通解释说：“从我自己的亲身经历看来，拖拉的代价是巨大的，因为每一次重新回到工作状态时，无形中都要增加很大的时间成本。思考和计划固然重要，但行动更重要；思考和计划不会让你得到报酬，只有工作成果才能。当你犹豫不决的时候，大胆行动吧，就像它根本不可能失败一样。”

很多时候，我们的行为和自身的语言表达总是不在一个频率上，虽然这并不是故意的，甚至是我们自己都没有意识到的，但事实上，语言表达的确很容易被人忽略或者遗忘，只有行动，才能让人无法无视它的存在，给人以力量感。一次实实在在的行动，有时甚至可以抵过十次反反复复的述说。

雄心是成功的起跑线，决心是起跑时的枪声，而最终是否能跑到终点线，获得成功的锦标，全在于我们是否能立即行动并全力到底。如果今天不去行动，就不要指望明天可以收获成果。许多伟大的想法最终都逃不过流产的命运，只因败在“行动”这个环节上。只有沉下心来，持续不断地坚持，一步一步地执行，才有可能收获预期的成果。

豆瓣的温暖励志红人Meiya在她的新书里分享过这样一个故事：

有个北京的小伙子想去德国柏林看女友，选择仅仅依靠陌生人的帮助，一路“搭便车”的旅行方式，历经1万6千多公里、13个国家，穿越中国、中亚和欧洲，直到柏林。最后在柏林的广场上偶遇了自己的女友，与她紧紧相拥。这件事不仅录制成纪录片在旅游卫视播出，还出了一本名叫《搭车去柏林》的书。小伙子说过这样一句话：“有些事，你现在不做，永远也不会去做。”

这个世界并不缺少故事，也不缺少感动；缺少的是感动之后的行动力。知行合一，有了知，而无行，知识永远是知识，故事还是那个故事。很多人都说现实束缚了自己，其实在这个世界上，我们一直都可以有很多选择，生活的决定权也一直都在自己手上，只是我们自己缺乏行动而已。

行动，能够使人获得自信。在没有任何尝试之前，怎么就知道它“没有意义”呢？太过于纠缠“意义的大小”而瞻前顾后，是很难有活力和创造力的。给自己一次“高峰体验”，通过投入、行动和努力，从中体验达成目标的快感，获得一种夹杂着完成、荣耀、自我肯定在内的极度兴奋感，使自己摆脱怯懦和自卑，享受成功和快乐。

与其反复地盘算，不如强迫自己有目标地行动起来。试着调动全身心的力量，认真努力地完成一件事，让自己感受一把驾驭生活的快感，唤醒心灵对生命的热爱。记得，没有哪一次的行动会带来100%的失败。哪怕遇到阻力，只要朝着正确的方向继续走下去，旅途就会越来越轻松。最终，那个只存在于头脑中的虚幻想法就会在现实中变成可能。

※ 但行好事，莫问前程

“溪水清清下石沟，千弯百折不回头。一生治学当如此，只计耕耘莫问收。”

这是中国著名的经济学家厉以宁先生1955年自北京大学毕业时写下、用以自律的七绝。即使在那个特殊的年代，厉老也始终坚持勤奋学习，刻苦钻研，“只计耕耘莫问收”。事实上，也许包括厉老自己在内，当时谁也无法预料他所钻研的市场经济理论最终的结果是什么，今后又有什么用，但就是因为一句“只计耕耘莫问收”，最终让他取得了比常人更大的“收成”！

后来，厉以宁先生的身份变了，成了北京大学光华管理学院名誉院长、博士生导师；第八届、九届财经委员会副主任；第十届、十一届全国政协常委、经济委员会副主任，但他始终没变的，是一生严谨求实、不计收成的治学态度，让世人无限敬仰。

古今多少大家，没有急功近利的想法，没有斤斤计较的得失，总是从容不迫，埋头苦干；但问耕耘，不求收获。等到积之久矣，自然水到渠成。

我国著名科学家钱学森对于国内外的诸多荣誉看得十分淡漠，20世纪80年代，美国科学院和工程院曾先后邀请他去美国，拟授予他美国科学院院士和工程院院士称号，均被他拒绝。他说：“我作为一名中国的科技工作者，活着的目的就是为人民服务。”钱学森是这样说的，也是这样做的，他用一生来实践着这个平凡而伟大的诺言。

青年时代的钱学森就怀着学以致用、报效祖国之志出国留学，当真正学有成就，名声海外时，钱学森又奋力争取回国。

回到祖国的几十年，他勤奋工作，将自己所学知识全部应用到了国防科技建设上，甚至高龄卧床时，也时常思考一些国家建设中的大事。面对晚年的众多荣誉，他或者请辞，或者婉拒，并时常感叹“自己对祖国人民做得太少，而人民给予的太多了”。

只有心中通透而无所杂念的人，才会但求耕耘，不问收获。他们心中只有一个简单的想法：我有一片土壤，一个梦。然后便心无旁骛，即使挥汗如雨、疾病困苦，也还是始终如一地去耕耘。

生活就像是播种，处在天地之间的我们就是农夫，每一分辛劳都是一种耕耘。随着春夏更迭、秋冬流转，我们头顶上的这方天地或丰收或孕育，带给我们劳作过后的百感交集。这其中蕴藏着很多道理，浅入深出，回味无穷。

比如种瓜得瓜，种豆得豆。生活中万事万物都讲求一个因果，想要收获什么样的果实，首先就要播种什么种子，不管是苦是甜，都是我们自己亲手所种。不要抱怨他人，自己的生活就掌握在自己手中。想清楚要什么，在成长的过程中，学会为自己的生命负责。

再如冰冻三尺非一日之寒。播种过后要给种子生长的时间，这并不是说我们做了无用功，相反，你必须认真播种，仔细耕耘，来日才有可能收获。这需要时间，没有一夜降临的成功，永远别奢望今天刚付出努力，明天就能看到成果——虽然收获需要时间，但是，这一天一定会到来的。

收获和付出向来是成正比的。想要丰收满满，先问问自己种的种子够多吗？在没有开花结果之前，请先审视自己是否付出了足够的努力。

相传战国时期，有个精于射箭的侠士，有百步穿杨的本领，许多人都仰慕他的箭术，他因此而名扬百里。

有个少年仰慕侠士的射术，决心要拜师学艺。经过几次三番的请求，侠士终于被对方的诚意所打动，同意收下这个徒弟。

起初，侠士交给少年一根很细的针，要他放在离眼睛几尺远的地方，每天盯着看。一连好几天，侠士没有再教徒弟别的。少年心里有点摸不着头脑，问侠士："师傅，我是来学射箭的，您为什么要我干这莫名其妙的事呢？这些时间要是用来练习射箭，那该多好！"

侠士看看少年，若有所思地说："这就是在学射术，你继续看吧。"

没过几天，徒弟又有些烦了。他心想，我是来学射箭的，整天光看这针眼能成为神射手吗？徒弟甚至觉得师傅就是成心不教他真本事，索性不练了。

侠士见状，也没有过分斥责徒弟，又换了一个练习：让徒弟伸直手臂，手掌朝上，平端起一块大石头，每天不端够三个时辰不许休息。这样的练习让少年觉得离射箭还是很远，干脆找到师傅，婉转表达了他的去意。

侠士看着眼前的少年，深感他眼里只是一味盯着收获，而又不肯勤勉耕耘，不如随他去了。果然，这个少年到老也没有成为神射手。

曾国藩曾说："但问耕耘，不问收获。"诚然，只重耕耘不问收获自然不是两全之法，但想要即刻收获也是很不现实的。收获是秋天的必然目标，但秋天的收获只有靠着从春天开始的耕耘才能完成，耕耘的多少和收获的多少成正比。有时，千帆过境才守得云开；有时，置之死地才有后生。任何在生命中的经历都是馈赠的礼物，只是有些礼物包装比较粗糙，需要我们耐心地将其一点点打开。

所以，当目标已定时，需要的只是埋头苦干，积极耕耘。天道酬勤，只有不断地去耕耘，那颗颗种子才能更有力地破土而出，而耕作者也在这个过程中体会到收获的快乐。

※ 往前再走一步，生命就会不同

一个青年驴友俱乐部去野外探险，误打误撞，走进了一个深山老林的山洞里。

起初，队长让大家不要慌，因为他们手上有火把，完全可以分组去找出口。然而，毕竟对地理环境生疏，加上山洞岔道繁多，两个小时过去了，他们仍然一无所获。

这时，队员手上的火把已燃烧殆尽，周围瞬间一片漆黑。他们在伸手不见五指的山洞里惶恐不安，渐渐开始骚动起来。在一阵乱了分寸的摸黑寻找后，还是没有见到出口的光。

就这样，时间一分一秒地过去了，这些青年从希望到失望，直至最后绝望地放弃了努力，不再动弹。

两天后，搜救队员找到了他们的尸体。让人诧异的是，位置是在离山口不过一百米远的地方。

他们并非没有在困境中付出过努力，只是这种努力没有坚持到底，没有在离洞口不到一百米远时往前再走一步。可以说，每个人在人生的路途上都会遇到困厄和挫折，不同的，是各自面对困境时的态度。

更多的时候，往前再走一步，生命也许不会柳暗花明，但却会让我们感受到多一点的希望；往前走出的一步，也许就为我们的人生打开了一扇全新的窗。

有这样一则登载在报纸专栏上的故事，被人们口耳相传、津津称道。

一个中专毕业的男孩，凭借自己在校期间的优秀表现，被破格推荐到一个研究所做收发工作。周围来来往往的都是硕士、博士，男孩自知学历不如别人，倒也没什么不平衡的，一心扎到自己的岗位上，工作得兢兢业业。

这个研究所是省级部门，在这里做收发工作也不是想象的那么简单。面对一大堆国外寄来的刊物和书信，男孩看不懂上面写的是什么，不知道该分发给谁，只能一次次地去问别人，问多了，自己也感觉不好意思。

为了不丢掉饭碗，他开始自学英语。一来二去，收发室的工作已经难不倒他了。那天，同事在一起聊天，无意中对他说了一句："你不如再加把劲儿，去参加英语自学考试吧。"

说者无意，听者有心，男孩想，要是真能学下来，好歹也算是个大专文凭。两年后，他如愿以偿。

这时，一次老同学聚会，大家纷纷羡慕夸赞他，说："既然专科都拿下来了，再努力一下，那你可就是正式的大本了！"男孩没多想，就继续读了下去。

三年后，当他参加完本科毕业典礼回来后，收到了研究所工作调动的通知：他被调到资料室工作。

这对他来讲是个莫大的鼓励，想想自己从中专走到现在也真是不易，他在心里对自己说："既然已经都努力到现在了，不如我再往前走一步，去读研究生？"不久，他果真收到了研究生的录取通知书。研究生毕业后，他再一次"向前迈步"读了博士。

如今，当年的小男孩已经是某地方一所重点大学的副教授。他用了二十年的时间，每次都往前又走了一步，他笑着和朋友们说："我很清楚自己，并没有多大的才能，也不是什么胸怀大志的人，当时只不过是想，再往前走一步吧，看看前面是什么样子，没想到自己今天可以站在大学的讲台上。"

抱着"想看看往前再走一步是个什么样子"的简单想法，他一步步走来，看到了更多的风景，也明白了一个人身上其实蕴藏着甚至连自己都不知道的巨大潜力，能不能充分发掘，就看自己想走多远。

无独有偶，如今已是凤凰卫视金牌节目的《锵锵三人行》，当年也是一个被电视台边缘化的"小角色"。主持人窦文涛历经15年、4000期节目、1500万字文案，从时评到杂谈的转变，一路走来风风雨雨，成为如今国内播出时间最长的谈话性节目。凤凰卫视行政总裁刘长乐不掩赞誉，称《锵锵三人行》是"小百科全书"，这不仅是对节目内容的肯定，更是对窦文涛一步一个脚印踏出的丰厚回报。

试想，如果故事中的中专生从进入研究所就把自己限定于巴掌大小的收发室，仅仅满足于不丢饭碗就行，那恐怕也就不会有后来的大学副教授；如果15年前的窦文涛仅仅将《锵锵三人行》限定于时评节目，没有紧跟时代需求而变化，也就不会成就一部"小百科全书"。有时，过早地设定框架反而会限制事物本来的发展。要知道，未来还长，不再往前走一步，怎么知道生命中还能创造出多少种可能性？

"世之奇伟、瑰怪、非常之观，常在于险远。"这些世间奇景是"非常之观"，也就需要"非常之付出"，通常要比一般的路程再远一些，再进取一步，才有可能把事物更多的可能性充分释放出来，在发展探索中找到我们自身的价值，以及生命的意义。这样的付出在科学领域里更是起到至关重要的作用。

早在18世纪，法国著名化学家拉瓦锡提出，空气中除了少量水分和二氧化碳之外，氧气占1/5，氮气占4/5。对此，同一时代的物理学家、化学家卡文迪许表示怀疑。通过空气成分鉴定实验，他发现：除了氧和氮之外，空气中似乎还有其他气体物质。只是，由于这些杂质少到“可以忽略不计的地步”，他的研究便就此止步了。

然而，谁也没有想到，100多年后，英国科学家瑞利发现空气中分离出来的氮气，与氧气中分离出来的氮气，在质量上每升相差了6.7毫克。于是，他重新对卡文迪许的实验进行检测，对那些当年被卡文迪许称作“杂质”的物质进行了分离，竟发现了在许多领域有着重要应用价值的新一族气体元素，如氩、氦、氖、氪、氙、氡等，统称为“惰性气体”。

后人无不感叹：若是当年的卡文迪许能把研究再往前推进一步，那么，化学史的发展恐怕就要重新改写了，至少，惰性气体可以提早100年为人类所用。

无论现在的你是身处困境，无法自拔，还是辗转徘徊，不知去向，抑或郁郁寡欢，苦等伯乐——不要着急，大胆地往前再走一步！也许是荆棘乱石，也许是阳光灿烂，也许是山重水复疑无路，也许是柳暗花明又一村。只是你要明白，往前再走一步本身，就是给未来一个永远的期待。

※不是“差不多”，是“差很多”

近一个世纪前，国学大师胡适先生写过一篇文章，名为《差不多先生传》，深刻描绘了国人做事常常抱着“差不多就行了，何必那么认真”的心理。“差不多”所反映出来的做事不认真不负责的态度，是一种对自我要求不够严格、得过且过、缺乏进取精神的心理。

第二次世界大战中期，美国空军和降落伞制造商之间发生了争执，原因是双方在降落伞的安全性能上有分歧。事实上，通过努力，降落伞的合格率已经提高到了99.9%了，但军方坚持要求为100%。军方代表对制造商说：“你们给我合格率99.9%的降落伞，这就意味着每1000个跳伞士兵中就会有1个因为伞的质量问题而送命。”降落伞商认为军方这是吹毛求疵，要知道，世界上没有绝对完美的事物，能提高到99.9%就已经足够好了，要达到100%的合格率根本就是不可能。

在双方僵持不下时，军方改变了“质检方法”：让厂商负责人从他们自己交付的降落伞中随机挑出一个，强硬要求装备上身，然后亲自从飞机上往下跳。这时，厂商才意识到100%合格率的重要性。很快，“不可能”的奇迹便出现了：降落伞的合格率一下达到了100%。

的确，99.9%的合格率已经近乎优秀，但如此“优秀”的数字背后，却意味着每1000个士兵中就可能有1个不是死于敌人的枪炮，而是死于降落伞的质量问题。

做同样的事，产出的结果却不尽相同，就在于那差的不多的“一点儿”。成功者无论做什么，都不会轻率疏忽，满足现状；他会以最高的规格要求自己，能做到100%，就绝不满足于99.9%。

人们在实践中发现，成功来自于更多积极的努力，正如美国富豪比尔·盖茨所说：“你能够使成功成为你生活中的组成部分，能够使昨日的理想成为今天的现实——但是靠愿望和祈祷是远远不够的，必须通过你付出更多的努力才能实现。”由此，“多一盎司定律”被正式提出，这不是什么化学课上的实验，也不是食品加工业的操作，而是被广泛应用于企业管理中的标准。

盎司是英美制的重量单位，一盎司只相当于1/16磅。著名投资专家约翰·坦普尔顿通过大量的观察研究，发现那些取得突出成就的人与取得中等成就的人几乎做了同样多的工作，他们所做出的努力差别很小——只是“一盎司”，但其结果，所取得的成就及成就的实质内容方面，却经常有着天壤之别。这就是著名的“多一盎司定律”。

这微不足道的区别，会让我们极尽所能地挖掘潜力，不遗余力地加上那一盎司——这也是获得成功的秘密所在。实际上，这也是广泛存在于各个领域里的普遍规律。比如，我国著名企业海尔，就是运用了“多一盎司定律”，从而使产品的合格率高达100%，成为全球的知名品牌。

作为海尔支柱产品之一的电冰箱，对当时的消费者来说，可算是家庭中的大件家电，许多家庭买来之后都放在房间的显要位置。对此，海尔冰箱的各项技术指标要求均高于国家标准，其中主要的七项指标实测值均优于世界发达国家水平。如冰箱外观，国家标准要求是15米以内看不出划痕，而海尔的要求则是5米以内不得看出划痕；对于噪音这一指标，国家规定为52分贝，海尔的内控标准为50分贝，这些都为满足当时用户对高档家电的特殊需求提供了坚实的质量保障。

在工作中，尽职尽责顶多称得上称职；而优秀的差别就在于是否多加那“一盎司”。付出比别人更多的努力，就有可能获得比他人更进一步的成功。做得越多，越说明这是一个积极主动、勇于投入的人。他们不是被动地等着别人分配任务，而是积极主动地去寻找目标和任务；他们不是被动地去适应各种新要求，而是主动去研究、改变所处的环境，尽量提高质量并创造出更多有意义的贡献。在这个过程中，他们不但汲取了更多的经验，同时也汲取走向成功的力量。

2010年，百老汇电影中心，“父辈的青春——2010谢晋电影回顾”纪念活动隆重举行。在开幕电影《天云山传奇》宣传活动中，主演石维坚深情回忆了谢晋导演在为此电影拍海报时的情景：

为了拍好海报，一连多次，谢晋都不甚满意。石维坚有些坚持不住了，谢导鼓励他再坚持一下。终于，谢导说了一声“好”，全体人员这才休息。

刚坐下，谢导来到石维坚面前，像孩子一样对他耳语道：“这次相当不错了！”

接着，谢导对大家说：“上一次也还可以，如果不再坚持一下，就没有现在这么好的一张了。所以说，搞艺术的，有时候坚持再多做一点，就是一个美好的天地。”

可以说，正是这种执着进取的精神，成就了谢晋电影的经典传奇。这是一种硬朗的生活态度。人生无所谓成败，只要朝着自己坚持的方向，无论迷茫、烦闷、痛苦，甚至绝望，都没什么大不了，只要秉持着精益求精的笃定，所有的付出都是有意义的。

谷歌中国区前总裁李开复在攻读博士学位时，得到了导师罗杰·瑞迪的各方面支持，这是一位计算机语音识别系统领域里的专家。然而没过多久，李开复就提出了一个不合时宜且有悖于导师的想法：用人工智能的办法研究语音识别是没有前途的，理由很简单，就像婴儿学习语言一样，即使语音识别率能高达95%，但面临的局面仍然是“婴儿能够长大成人，机器却不能成长”。

李开复另辟蹊径，准备用统计的方法取代人工智能。通过三年半的刻苦努力，李开复看到了不一样的曙光：他把语音系统的识别率从原来的40%一下子提高到了80%，这个结果被罗杰·瑞迪带到了国际学术会议上，引起了全世界语音研究界的轰动。

但李开复心里很清楚，第一步的成功只是给他提供了一个创新的方法和机遇，这绝不是最佳结果，如果自己就此停步，他的成就很快就会被别人超越。所以，李开复不但没有满足于现有的成绩，反而更加抓紧时间研究攻关。终于，李开复的语音识别系统没有辜负他的辛勤努力，识别率从80%提高到了96%！直至李开复毕业以后多年，这个系统一直蝉联全美语音识别系统评比冠军。

众所周知，付出多少，得到多少；付出越多，离成功就越近。即使一时的投入无法立刻得到相应的回报，也不要气馁，求精与进取永远是多出的“一盎司”，日积月累，这“一盎司”总会让你在不经意间、以出人意料的方式获得回报。

※ 梦，要慢慢地来做

两千多年前，印度恒河下游某个古城里有个首富，家里的独生子放弃了荣华富贵，跟随佛陀出家修行。

这位公子夜以继日地禅坐、诵经，以为这样苦修能够早成正果，却没想到不但没得到自在解脱，反而使他修学佛法之心产生摇摆。他心里想，在佛陀众多弟子中，我也算得上精进用功的了，可至今尚未悟道；与其这样，不如返俗回家，做一个尘世中的修行人，用家里雄厚的财富去布施修福。

佛陀知道了他的想法，特意前来开导。首先，佛陀问他："你未出家前弹过琴吗？"

公子回答道："不但弹过，而且弹得还很好呢！"

佛陀继续问："当你弹琴时，如果琴弦调得太紧，弹出来的声音好听吗？"

答曰："不好听！"

佛陀再问："如果琴弦调得太松，弹出的声音好听吗？"

公子又摇了摇头。

佛陀最后问："如果松紧调得恰到好处，弹出来的声音怎么样呢？"

公子不假思索地回答说："这样肯定就好听了！"

这时，佛陀才语重心长地说道："这就对了，修行人急于求成功，就像调得太紧的琴弦，反而引起退失道心的念头；相反的，如果修行不精进，就像调得太松的琴弦，又会令人懒散懈怠，两者都不利于修成正果。因此，真正的修行是不急不缓，适当的调整才能做到事半功倍的效果。"

富家公子听完佛陀的一番开示后，恍然大悟，明白了修学佛法的要点，于是重新树立起修学的信心，依照佛陀的开示继续修行。没过多久，便领悟到了解脱之道。

从这个故事中我们可以总结出这样的道理：事情要快慢适中地去做，梦想要不急不缓地去实现，这样才能把人生的理想大厦垒得扎实，建得稳固。

古往今来，但凡成就大事者，任何情况下都不能心浮气躁，而应有足够的耐心等待机会和创造机会——这就是李嘉诚辉煌事业的重要法宝。在兴建第一个大型屋村黄埔花园屋村的项目上,他就是运用"十年磨一剑"的精神，以其惊人的耐力获得成功的。

早在1981年，李嘉诚就准备推出这一宏伟计划。只是当时的香港地产环境处于狂热的泡沫期，若想把原来黄埔船坞旧址的工业用地改为住宅商业，需要补交28亿港元的地皮差价。权衡之下，李嘉诚不得不暂缓实施了此项计划。

两年后，香港地产业出现低潮，李嘉诚立即抓住大好时机，与香港政府进行谈判。结果不出所料，他仅用每平方英尺不到百元的价格就获得了黄埔花园屋村商业住宅的开发权。就这样，屋村计划尚未实施，李嘉诚已经先赢一盘。

随着国际形势的风云变幻，香港前景骤然明朗，恒生指数回升，房地产界又重振雄风。在耐心等待时机数月后，李嘉诚果断出手，投资数十亿港元正式开始兴建黄埔花园屋村。这样宏伟的屋村工程不要说在香港，就是全世界范围内，它也足可称雄。据行家估计，整个项目完成以后，李嘉诚及和黄集团能获利60亿港元。

实际上，李嘉诚的地产梦想又岂止是这一隅？他深知，在香港，房地产是商业发展的先锋，而兴建大型屋村的关键，就在于如何获得大面积的整块地皮。对此，李嘉诚总是“放长线，钓大鱼”，1985年的港灯收购，就是他“醉翁之意不在酒”的又一举措。

港灯的一家发电厂位于港岛南岸，与之毗邻的是蚬壳石油公司油库，蚬壳另有一座油库在新界观塘茶果岭。李嘉诚收购港灯后，想方设法将电厂迁往南丫岛。如此一来，李嘉诚就在“低潮收购，高潮出租”的运作中又获得一处可用于发展大型屋村的地盘。

黄埔花园和港灯两大屋村的最后盈利，高达100多亿港元。

之后，令人们更为熟知的丽港城、海怡半岛两大屋村，也是李嘉诚长期耐心等待时机、用心策划的结果。早在1978年，在着手收购和黄之时，李嘉诚就对丽港城、海怡半岛有了构想。期间的港灯收购，使其构想向前迈了一大步，1988年方才全面推出计划。

从1978年的构想到1988年的全面实施，李嘉诚可谓是名副其实的“十年磨一剑”。外界在对他过人胆识与气魄称道之时，又不得不佩服他坚持不懈的耐心。

然而，在如今的快餐时代，“十年磨一剑”不见得有人欣赏，“一年磨十把刀”的人却更易获得认可。个体在环境中特别容易受到他人的影响与暗示，这也导致时下有越来越多的年轻人急于求成，希望快速获得物质利益与社会地位。网上流行一句话：“长江后浪推前浪，前浪死在沙滩上”。也许，这是存在于当代社会中一种普遍的焦虑感，如果在而立之年还没有取得太大成绩，很有可能会被认为一生都碌碌无为。

可是，没有这“磨”的精神，在充满崎岖的人生之路上，又怎能坚定不移地朝着那个既定目标走下去？磨，并不是无谓的等待，更不同于怯懦的忍耐；这种长期的磨砺是为了实现宏大目标所必需的积淀，是一种人生价值和人格光辉的体现。

没有与生俱来的天分，只有后天修炼的心性。以超凡的忍耐和坦然去面对瞬息万变的世界，耕耘之后，且给种子开花结果的时间，一切都来得及。梦想之所以具有无限魅力，不在于它瞬间的达成，更重要的是从0到1，从无到有，慢慢形成的质变。

※ 人生的高度没有人能一蹴而就

被犹太人奉为经典的《塔木德》中有句名言：“别想一下就造出大海，必须先由小河川开始。”这和我们中华民族的古训“不积跬步，无以至千里；不积小流，无以成江海”有着异曲同工之理。犹太巨商大多是从最底层的工作开始做起的，报童、小贩、电焊工……不一而足。他们共同的特点就是，耐心将基础做实，一步一步向着自己的人生目标靠近。

宏伟蓝图固然魅力无穷，但它往往并非我们唾手可得。与其总是遥望远方模糊的风景，不如着手看清眼前的事情。

地产大亨王石在被问及“有什么建议给年轻人”时，他做了如下回答：“年轻人不要急于把职业选择和自己的终身目标联系在一起。就像我这样，当过兵，到深圳闯荡之前，当过工人，当过工程师，当过机关干部，虽然那时我不知道将来会做什么，但是无论做什么，喜欢不喜欢，我都认真做。你可以不感兴趣，可以当成临时的事情，但你也得把它做好。”

正如老辈人所说的那样：只有踏踏实实做人，认认真真工作，才能取得实实在在的成果。那些取得丰硕成果的人，并不是一开始便身居高位，更不是他们有一步登天的本领，而是通过踏踏实实的行动从基层干起，一步一个脚印地向前迈进。所谓心急吃不了热豆腐，奢望一步到位，最后只能迷失在各种选择各种诱惑中，经受不住途中的磨炼和考验。反之，只有认识到眼下工作的重要性，体会到基层的充实，才有可能收获理想的结果。

作为中央电视台主持人中曾经的“一姐”，王小丫可谓是功成名就。但大多数人看到的是她光鲜靓丽的人前，却鲜有人知在这之前起伏波荡的经历。

大学毕业后，王小丫和当时千万大学生一样，经过千寻万找，被一家经济类报社录用为记者。可没想到，她每天实际的工作却是在办公室里抄写信封。这样千篇一律毫无技术含量的活儿让她起初也感到愤愤不平，但转念一想，自己还年轻，有的是锻炼的时间，谁也不是一步到位的。于是，她还是保持了上学期间的认真劲儿，一丝不苟地工作。

半年后，由于她的信封写得又快又好，工作认真负责，领导破例提拔她担任文摘版和理论版的编辑。

有了这段经历，王小丫更加勤奋、踏实地工作，一步步走向成熟，终于成为一名家喻户晓的著名电视主持人。

不要轻视自己所做的每一件事，即便是最普通的，也应全力以赴、尽职尽责地去完成。通往成功的道路向来都是呈螺旋或阶梯式上升的，只有一步一个脚印地往前走，成长的步子才走得稳，收获的成果才结得实。

从另一方面来讲，大目标往往都是由若干小目标组成的。之所以在现实中有很多半途而废的情况发生，正是因为那看上去遥不可及的高度让我们望而却步。换句话说，人们往往不是因为失败而放弃，而是因为倦怠而失败。若是懂得把一个大目标拆分成若干个小目标，分步进行，逐级而上，那么既能增加成功的概率，也能给自己带来一个个小目标实现后的成就感。

1984年的东京国际马拉松邀请赛中，一举夺冠的是一位名不见经传的日本选手，山田本一。众所周知，马拉松比赛比的就是一个体力和耐力，而这个其貌不扬的矮个子选手又是靠什么独门秘诀取胜的呢？当记者采访他时，山田本一轻描淡写地说："我只是凭智慧战胜对手。"对此，外界一片质疑，都认为这个偶然跑到前面的选手是在故弄玄虚。

两年后，意大利国际马拉松邀请赛上，山田本一又一次获得了世界冠军。这一次，记者更正式地请他谈谈经验。性情木讷、不善言谈的山田本一回答的仍然是上次那句话：用智慧战胜对手。这句话虽然没有引起媒体的再度挖苦，却仍然对其大惑不解。

这回记者在报纸上没再挖苦他，但对他所谓的智慧还是迷惑不解。

十年后，山田本一在他的自传中终于揭开了谜底，他这样写道："起初参赛时，我并没有发现这个秘密，而是像大多数人一样，把目标定在40多公里外终点线上的那面旗帜上。结果跑到十几公里时，我就疲惫不堪了，我被前面那段遥远的路程给吓倒了。后来我在每次比赛前都乘车把比赛的线路仔细看一遍，并把沿途比较醒目的标志画下来，比如第一个标志是银行，第二个标志是一棵大树，第三个标志是一座红房子……这样一直画到赛程的终点。比赛开始后，我以百米的速度奋力地向第一个目标冲去。等到达第一个目标后，我又以同样的速度向第二个目标冲去。40多公里的赛程，就被我分解成这么几个小目标轻松地跑完了。"

山田本一说的话不错。众多心理学实验让专家们得出这样的结论：当人们的行动有了明确目标，并能把自己的行动与目标不断地加以对照，进而清楚地知道自己的行进速度和与目标之间的距离后，人们行动的动机就会得到维持和加强，就会自觉地克服一切困难，努力达到目标。

在人生的旅途中，我们需要学习一些山田本一的智慧，沉下心来，像上楼梯一样一步一个台阶，把大目标分解为多个易于达成的小目标，踏踏实实地走好每一级台阶。若能如此，我们不仅能体验到成功的喜悦，而且一生中的懊悔和惋惜也许就会减少许多。要记得，没有一种付出，回报的是谴责。

※“低就”之后，才能“高成”

尼采曾说：“树之所以能长成参天大树，是因为它把根深深地埋入了土里。”海之所以能纳百川，不在于大海本身的浩淼，而是因为它地势的低洼。事物发展的规律总是从小到大，从低到高，所以很多时候，我们需要脚踏实地地去积累，才有可能实现自己心中的梦想。

有个英文名叫“Dream”的“最励志保安”，就是通过自己的亲身经历告诉人们，他是怎样从一个名不见经传的保安，成长为腾讯研究院的产品经理。用他自己的话说，“职业无贵贱，只要努力，机会一定有。”

“Dream”名叫郝建一，和很多立志要去大城市奋斗的年轻人一样，大学毕业后，他来到了北京。在这个竞争激烈同时又机会众多的城市里，郝建一的目标很清晰，“先找最容易上手的工作，就不用向家里要钱了，然后再看兴趣，择机跳槽。”来到北京的第三天，郝建一就到了腾讯北京公司所在的物业部做了一名保安，这让他至少在北京先安顿下来。

这份工作，比郝建一当初想的还要苦，每天他最少要站7个半小时，有时超过10个小时，他的脚很快磨出了茧子。

就是这样，也没能磨灭郝建一的理想，他一直琢磨如何让自己变“强大”。读书，成为他实现理想的第一步。工作再忙，郝建一都要抽出时间阅读，他把在学校时认为有用的教材都带在身边，起初主要是温习专业知识，后来渐渐发现产品经理这个职位很适合自己，于是便开始有意识地搜集、学习这方面的知识。

一年后，腾讯研究院的一名负责人找到郝建一，半开玩笑地问他，要不要来做数据标注的外包工作？凭借着熟练的计算机操作和相关知识，郝建一通过了层层选拔，正式成了腾讯的一名外聘员工。

不到半年，郝建一又从基础的数据标识岗位，一跃成了腾讯输入法组的产品经理。他一直都知道自己想要什么，在做什么。在郝建一看来，自己能有今天，90%靠努力，10%靠机遇。他相信，只要努力，机遇就一定会有，关键在于目标够不够明确，行动够不够坚决，付出够不够多。

很多颇有成就的人都是由低处做起，从小事着手。为了有朝一日的“高就”，他们懂得时间的优化组合，心甘情愿把重心放低，天天有进步，月月有提升，年年有改变，最终一步步走向成功的彼岸，这是放之四海而皆准的道理。

美国著名作家马克·吐温就曾经为一位年轻人提出了“求职三步曲”。起初，一个刚从大学毕业的年轻人慕名给马克·吐温写信，信中表明了对马克·吐温的敬仰，同时说明自己刚刚走出校门，想到美国西部当一名新闻记者，又由于人生地不熟，特意请求马克·吐温先生帮忙推荐一份工作。

对此，马克·吐温回信告知了年轻人三个步骤：“首先，你可以去一家报社应聘，告诉对方你不要薪水，只想找到一份工作来锻炼自己；接下来，如果你能成功上岗的话，那就要努力去干，默默做出些成绩，然后逐渐提出自己的要求；一旦你能成为业内经验丰富的资深人士，第三步自热而然就会发生——那些更好的职位就会向你抛来橄榄枝。”

年轻人认真地按照马克·吐温的“三步曲”去做，不仅在职场上获得了“一席之地”，而且没过多久便得到了他心仪的“好职位”。

无独有偶，几十年后的美国，同样是一位刚毕业的年轻人，一心想在美国求得一份名职。不同的是，这位“刚毕业”的年轻人，有的是博士学位。这样一来，求职的标准自然不能太低。没想到，由于缺乏工作经验，许多家公司都拒高学历于门外。想来想去，他决定收起所有的学位证明，以一种最低身份再去求职。

果然，这回没费多大力气，他就被一家公司录用为程序输入员。这对一个博士来说，简直是高射炮打蚊子——大材小用，但他仍然干得认认真真，一点也不马虎。不久，他的才华渐渐显露：他能找出程序中的错误，这可不是一般程序输入员可以做到的。老板特意表扬了他，这时，他才亮出了学士证书，也自然换得了一份与本科生相称的工作。

过了一段时间，老板发现这个年轻人时常能提出一些独到而有价值的建议，远比一般刚踏出大学校门的学生强。这时他又把硕士证书拿来，老板见后又提升了他。

半年后，老板发觉他在这个工作岗位上仍然可以比较轻松地做好，就约他详谈，此时他才拿出了博士证书。这时老板对他的水平已经有了全面的了解，便毫不犹豫地重用了他——而这个职位，正是这位博士生最初理想的目标。

懂得在恰当的时候“低就”，不是不思进取和沉沦，更非懦弱和畏缩。没有目标的忍耐是苟且偷生，而有目标的忍耐，则是积弱图强。一个介意“低就”的人，只能说明他在乎表面的颜面远胜于心中的大志。积弱图强，就像压紧的弹簧不是为了永远蜷缩弯曲，而是为了有朝一日的迸发。这实际是在客观上为我们创造了一种机遇，在“低就”中积蓄力量，磨炼意志；在不断的自我完善中，“高成”才能够有所期待。

第8章

别急着去爱，天没老，地也没荒

钱锺书晚年时曾说：“见到她之前从未想到要结婚；我娶了她几十年，从未后悔；也未想过要娶别的女人。”生命中总会有无数个擦肩而过，不是每个相遇都能凝结成相守，转化成相知。一辈子那么长，生活中变数那么多，有时你以为会永远陪你走下去的那个人，居然只能陪你一段路。幸好我们总会保有一点对于永远的奢望，不至于错过下一次的爱情。别急着去爱，在“想要”走入婚姻之前，问自己三个问题：我是否愿意面对这个人一辈子？我是否了解他所有缺点？他能给我带来什么，而我又能为他做什么？想明白后许下的，才是承诺。

※ 携手成长，经年相爱，多好

时下，各大卫视的相亲节目和婚恋网站愈发盛行，越来越多的“恨嫁女”“恐婚男”纷纷加入到相亲大军中。当一群“80后”还在寻爱路上跌跌撞撞时，“90后”已经提前出击了。“结婚要趁早”“生娃要趁早”，各色的男男女女们急着去配对，急着去爱琴海，急着要房子，急着生孩子，急着去生活。

然而，谁能清楚地说明白，女朋友急着想旅游想安逸，男朋友阅历不深却又急着看透世界，这些，究竟急的是什么？

爱情，本来是该慢慢来的，在我刚刚遇见你的时候，你也刚好爱上我，就在一起吧；想厮守一辈子了，管它嫁妆房子，有你就好，结婚生子，顺其自然。可是现在，一切都提前了，提前了激情，提前了告白，也提前了“伤害”和“收尾”。

某大型相亲节目，男嘉宾做足了“告白功课”，不远千里从台湾奔赴南京，只为“心动女生”而来，这是他一生迄今为止唯一的一次告白，“我很想插手你的人生，和你遛狗、看电影、宅在家里发呆，做饭给你吃；照顾你是我的责任，如果你愿意，我会用我的生命呵护你，直到永远。”

他说：“你若不嫁，我便不娶。”他说：“之前，我了解过你的一切，你生于××年××月××日，××座、×型血，祖籍在贵州，是少数民族；出生在湖南，长大在广州，18岁一个人去了上海打拼。你一直在照顾你的哥哥，是该有个人照顾你了……”

这样炽烈的表白打动了现场许多人，也让他的“心动女生”掉泪，只是女孩说：“我是惊而不安。”

两人在一方浓情一方纠结中擦肩而过。

女孩解释给众人听：“当时在录制现场我的心久久不能平静，多年努力想忘掉的东西，一层一层地剥开，浑身伤痕累累地呈现在舞台上……”一方是爱的浓烈，一方是被爱到窒息，双方的压力相互作用。

的确，超越时间、空间的了解会使人心生暖意，但若抱着一种急功近利的心态，对彼此了解到无死角可言，就会让对方产生一种胆战到想要自我保护的心理。相比之下，同样向这位女孩表白的另一位男嘉宾，流露得就是那么温婉而自然：

在最后的环节中，男嘉宾和缓地面对女孩说：“确实我对你还不是很了解，这样也挺好，两个人都不太知道对方是什么样子，就像一张白纸似的，一块儿在上面画画、写字，我希望有这么一个机会。”

有人说，其实我们缺乏的不是够好、够对、够靠谱的那个人，而是最后的最后，大家变成了彼此都需要的那个人。这句话的另一个表达方式是：让我们谈一场不赶时间的恋爱吧。多给对方一点时间，让一个不知所谓的女孩，变成某个人人生里的神兵天将；让一个青涩害羞的男孩，变成可以真正令你仰慕和信赖的男神。携手成长，经年相爱，多好。

很多年前有一个女同事，年纪不小，其貌不扬，却嫁的风光无限。不少人背后窃窃私语，讨论她到底用了什么手段。后来才发现，她让自己成了被需要的对象，和那个需要她的男人一拍即合、结成连理。她知道办什么事情要去哪里，知道哪里有好吃又不贵的小馆，知道怎样把家里布置得温馨又不失高雅……她在自己的生活中找到了最恰当的位置，最合适的节奏；就像阳光、雨露和星星，只要世界存在，她就有被需要的价值和意义。

她知道自己不够美、不够媚、不够优秀，但是她够耐心、够用心、够坚定，所以她不纠结、不慌乱，不去考虑激情的保质期、爱情的瘙痒期，只是淡然踏实地生活着，却享受着比大多数人都幸福快乐的婚姻。

可惜的是，在全民加速的时代，很多人等不到这样的春天。急着恋爱，急着结婚，急着去抓住什么。太多物质的生长周期都被人为缩短，热恋期缩短，婚姻的平均寿命缩短。答案是，因为别人都很急，所以我们不能不急，惶惶不可终日，直至最后忘记了自己是谁。

在某文学网站的情感频道，有这样一篇日志，让人看完后感叹不已：

“现在的爱情，像IT一样走得飞快。喜欢上一个女孩子，如果吃过三次饭还拉不上手，再耐心也知道要转战场，别做无谓的浪费嘛。两个人谈了一年多恋爱还没分手，别人就会催他们：该结婚了。爱情就是那份快餐，不好吃赶紧扔下，好吃就马上吃完干下一件事去。人生真的苦短到这个地步了吗？

这样的爱情坚固？无所谓，只要自己够坚强，爱情来了，抓紧享受，爱情走了，贴张膏药拍拍尘土开始下一场战斗。打不动了，没关系，抓个和自己一样筋疲力尽的人结婚，婚后不合，修修补补嘛，实在弥补不了，离婚呗，需要重来的人多着呢。还好，才看到一条新闻：上海的法庭十分钟就能让一对夫妇离婚，此举大受群众赞赏。是啊，痛苦的过程又被缩短了，即使离上五次，也只是一集连续剧的时间！”

其实，就像有篇文章里所说：“你所急的事，一定是最不需要快速解决的；你所不在乎的事，恰恰需要你马上行动。”这道理好比自然界最原始的长成，“一粒种子就是要慢慢成熟，谁也决定不了它成长的速度；而你手里的苹果，耽搁了时间，就不再好吃了。还原世界本来的面目，一切慢慢来。”

有首名为《慢慢爱》的歌曲，唱出了恋爱中人的心声：“我慢慢地哼着一首歌 / 慢慢地想着一个人 / 慢慢地感受来自内心里 / 最自然的快乐 / 如果我爱着你 无声又无息 / 是否就能更加永恒 / 慢慢的爱 / 太娇艳的花 隔日就谢了 / 灰烬怎么能再燃烧 / 太疯狂的爱 一夜苍老 / 没有力气回味那美好……”

有的时候，时光能赋予你的决然超乎你的想象。慢慢走未必就比匆匆跑要慢，走着可以欣赏沿途的风景，不至于因急于抵达目的地而错过了流年里温暖的人和物；而跑的人大都会形单影只，因为跑得太快而落下了太多的人。

是时候停下匆匆的脚步，试着慢慢来。沉下心去读一本好书，静静地听听爱你的人要对你说的话，看看在急行军阔步走的时候落下了什么，是朋友，是父母，还是相依相守的爱情？

一个人若是一辈子都在恋爱，该是怎样的幸福。别急，我在等你——炊烟起了，我在门口等你；夕阳下了，我在山边等你；叶子黄了，我在树下等你；月儿弯了，我在十五等你；细雨来了，我在伞下等你；流水冻了，我在河畔等你；生命累了，我在天堂等你；我们老了，我在来生等你。

※ 问问自己：我真的爱过吗

爱是什么？

《圣经》里，神祇的爱意是这样说的："爱是恒久忍耐，又有恩慈；爱是不嫉妒，爱是不自夸，不张狂，不做害羞的事，不求自己的益处，不轻易发怒，不计算人的恶，不喜欢不义，只喜欢真理；凡事包容，凡事相信，凡事盼望，凡事忍耐。爱是永不止息。"

这说的是包含所有情感的宏观大爱。回到尘世凡间，爱情是其中之一，2013年新年，谷歌互动式地图上记录的全球50万个新年愿望中，超过三分之一与爱情有关。在2012年，俄罗斯人最常向搜索引擎寻求答案的是关于爱情的问题；这一年，泰国票房最好的两部电影《爱情大凸捶》和《爱无7限》都是爱情喜剧；韩国大辞典修改了"爱情"的定义，从以前的"因异性的吸引"，改为现在的"被对方的魅力所吸引"。

"我爱你"，这三个字开始有一些新的说法可供参考："我心里有你"（《一代宗师》）、"你存在我深深的脑海里，我的梦里、我的心里、我的歌声里"（《我的歌声里》）、"什么时候爱上她的？当我知道我再也见不到她的时候"（《搜索》）、"我爱过一个人，一心想要和他在一起，他说他爱我，我信了"（《画皮2》）。

爱情，依然是这个世界上最为重要的非理性力量，只是，你真的爱过吗？

是甜言蜜语、海誓山盟，还是温馨浪漫、体贴入微，抑或相依相守、与子偕老？都是，也都不是。当你真的爱上一个人时，心里想的只有简单的三个字：在一起。不管贫富贵贱，无论摩擦吵闹，都只是心如磐石。

80年前的春天，湖畔诗人应修人离开的那天，妻子在他的长衫衣袋里发现一首小诗："我爱你/如今还很爱你/纵然天地一起坍塌/可是从这败墟之中/依然有我的爱火飘飞"。

这种相依相守经受住了现实生活的考验，互相有了默契，有了理解和包容，爱才显得真切、快乐而幸福。没有过多的要求，只是简简单单的陪在你身边，一直陪下去，至终老。

每天晚饭后，小区花园里都会有附近居民自发聚在一起的交际舞会。在翩翩裙裾、西装革履中，有一对衣着俭朴甚至可以说有点土的中年人，格外显眼。

男人个子不高，头发倔强地立着，显出一副掩饰不住的沧桑；女人与男人身高相仿，舞步娴熟，神态自若。在偌大的舞池中，他们的舞姿算不上最美的，但却是最动人的。每当一曲终了，他们便相携走到亭廊边休息；舞曲再起，女人抬起双手，像是在空中虚无地寻找着什么，等待着男人一手搭上她的肩，一手与她相握。那一刻，借着夕阳的光亮，可以看到女人平静的脸上浮现出的一丝不易察觉的微笑，小小的幸福感，却能让人真切的体察到。

时间久了，常来跳舞的人彼此都熟络起来，才知道，原来，男人是走街串巷收废品的，收入微薄，无钱娶妻。女人因为双目失明，无所依从。

从他遇到她的那一刻开始，两人便约定相守在一起，从此以后各自也都有了依靠。

对于他来讲，在走街串巷时想着家里的女人，收工回家时，看到女人靠在门边，含笑向着他回来的方向——这些时候，他是幸福的；对于她而言，男人奔波忙碌一天回到家，捎带给她一碟清淡的素菜，配上他熬的一碗粥或做的一碗面——那些时候，她也是幸福的。吃完晚饭后，他牵起她的手说，走，我们跳舞去——那一刻，他们都是幸福的吧？

“执子之手，与子偕老”并非每个人都能说出口，不是不敢说，而是说不起。爱对于每一个人来说都是一段陌生的旅程，人生有限，谁也不可能一路爱下去。最初的激情只不过是证明爱情的浓度，而爱情的长度则在相处的每一个细节里。这简单的八个字，并不只是一种简单的承诺，更是一种平淡背后的深沉信仰：在千万人之中，在时间无涯的荒野里，没有早一步，也没有晚一步，恰巧被我们遇上了；只需轻轻地一握，就这样牵着对方的手，一直相扶着走向永远。

被评为2006年“中国十大经典爱情故事”之一的“爱情天梯”，是一个普通山村里的普通男子，和比他大10岁的寡妇的故事。

50多年前，重庆江津中山古镇高滩村村民刘国江和徐朝清相爱，徐朝清是一个比刘国江大10岁的寡妇。无疑，他们的相恋引来了无数的闲言碎语。他们携手私奔进海拔1500米的深山老林，从此远离一切喧嚣扰攘。

闭塞的环境中，为了能让妻子顺利出行，刘国江一辈子都忙着在悬崖峭壁上开凿石梯通向外界，一凿就是半个世纪，凿出了六千多阶“爱情天梯”。

继2007年刘国江老人猝然离世后，2012年秋，87岁的徐朝清去世。至此，她和刘国江的“爱情天梯”亦成为绝响。

由此，在媒体的寻找下，更多的金婚故事渐为人知：

60年前，新婚的丈夫告别妻子随部队撤到台湾。在随后的36年里，他写下500多万字的情书。20世纪80年代，丈夫终于回到老家，自此与妻子形影不离，厮守28年直至去世。

在海南，一对耄耋老人相守半个世纪。直到今天，老太太还坚持亲自照顾老爷子的饮食起居，“一般人没法给他端屎端尿，只有我做得到”。

在一次采访中，记者问一位老人：“如果现在去天国，你打算带什么？”老人回答：“我会带上一朵玫瑰花，我好久没见我的妻子了。”

史铁生的妻子陈希米在刚刚出版的怀念散文集《让“死”活下去》中写道：“我只想能跟你在一起安安静静地说话，听你掏心掏肺，也跟你袒露一切。那才是人最好的生活。”

从相恋结婚到相守，最好的爱应该能经得起平淡流年：保持独立的人格，与你的恋人共同成长，在相守的途中发现新的自己和对方，将美好的时光延伸。真的爱过，其实也只是一生一世一双人，他能给你快乐和安心，你能给他理解与信任，在平淡琐碎的日子里，简单安宁，静水流深。

※ 若爱，就将爱情进行到底

“我们在雨里相识 ／ 一起从梦中醒来 ／ 你是我的珍爱 ／ 我真诚地期待今生不分开 ／ 只想用我的疼爱 ／ 抚平你心里的悲哀 ／ 用温柔的情怀／穿过心海相爱到永远 ／ 我们爱一辈子好不好 ／ 做彼此最真实的依靠 ／ 你的宽容我多么需要 ／ 看身边的你慢慢变老 ／ 我们爱一辈子好不好 ／ 你是我生命中的骄傲 ／ 从陌生到牵手拥抱 ／ 缘分注定到天涯海角 ／ 我们爱一辈子好不好……”

一首《我们爱一辈子好不好》唱出了多少相爱之人的心声，可是，又有多少海誓山盟的“一辈子”，经不住岁月无情的变迁，变成了措手不及的“两个人”。

台湾著名艺人陈升曾做过一件很动情的事：他提前一年预售了自己演唱会的门票，且仅售情侣套票，也就是说，一个人的价格可以获得两个席位。但有一点很特别，一张情侣套票分为男生券和女生券，恋人双方各自保存属于自己的那张券，一年后，两张券合在一起才算有效。

显然，这是个难得证明自己爱情的方式，门票一抢而空。“我们要在一起一辈子呢，一年，算什么？”

然而，这看似简单美好的愿景终被赤裸裸的现实击败：第二年演唱会如期举行，在现场，专设的情侣席位果然空出了许多位子。面对那一个个空座，陈升脸上带着怪异的歉意，开始了自己的那场演唱会，名字就叫：明年你还爱我吗？

网上盛传一则短小的故事：孙女问奶奶，是什么能让你们维持一份感情长达60年？奶奶若有所感地说道，“那个年代什么东西坏了都会想要修，现在什么坏了，都想着换。”

两个人从相遇到相知，再到相恋，是美丽而充满诗情画意的，而将这种美丽进行到底，则需要深厚的缘分，莫大的勇气，更需要用心的呵护。多么轰轰烈烈的爱情，也会在岁月的洗礼中让激情慢慢沉淀，剩下平淡无奇的日子。爱不是一句台词，而是一种承诺，一种对爱的执着和坚韧。

也许，最好的爱情不是惊天动地，而是投石击水，不起浪花，也泛涟漪。心底的悲欢冷暖，外人无需知，天地无需晓，只要你知，他知。真爱如斯，不可说，不需说，一切自在感受。生死相隔的爱情更多的是给世人看的，白头到老的爱情才是过给自己的。

在王小波的书信集《爱你就像爱生命》中，有一封他给李银河写的信，其中一句话说：“我和你好像两个小孩子，围着一个神秘的果酱罐，一点一点地尝它，看看里面有多少甜。”王小波去世后，这封信传唱天下。

一首歌里这样唱道：“我能想到最浪漫的事，就是和你一起慢慢变老，直到我们老得哪儿也去不了，你还依然把我当成手心里的宝。”也许，婚姻生活就是柴米油盐，重复平淡，毫无起伏，但在这些背后，却有着任何甜言蜜语都无法替代的理解、宽容，细心体贴、相扶相持。

画家吴冠中和妻子有一张照片：飘着细雨的黄山上，他在画画，她站在后面，默默地为他举着伞……多年后，他们的爱情又是另一幅画面：她患上老年痴呆症，总怕煤气没关好，去厨房来来回回地开关煤气，他就跟在身后，她开了，他就关，从不嫌烦……

当真的爱上一个人的时候才会懂得，真爱，就爱一辈子。这种经受得住现实生活考验的爱，才显得真切而又深沉。没有过多的苛求，只是简简单单陪在身边，一直陪下去，直至终老。

还在玩“过家家”的时候，我说我爱你。你正在低头认真做着手里的“家务活”，听到我的话后抬起头，眨着水晶般的大眼睛，疑惑地问：“什么意思啊？”

中考完的那年夏天，我们一起到公园划船。湖面上，我说我爱你。你的脸瞬间映上了一团火烧云，把头深深埋进胸前，摆弄着衣襟，好像在笑。

上了大学，有一年除夕夜，当新年的钟声敲响时，我把你叫下楼，在满天烟花的夜空下说我爱你。我们相拥在一起，你紧紧地挽住我的手臂，恐怕下一秒我会消失似的。

刚参加工作的第一年，我把年终奖拿给你时，我说我爱你。你把早餐放在桌上，跑过来刮了一下我的鼻子说：“知道了，懒虫，该起床了！”

30岁那年，我在你生日那天说我爱你。你笑着说：“下班早点回来，记得买点菜。”

孩子中考那年，某天晚饭后，看着你疲惫的身影，我说我爱你。你边收拾碗筷边面无表情地嘟囔着：“行了，行了，快去帮孩子复习功课去吧！”

送儿子去大学报到回来，当天晚上家里只剩下我们俩，我说我爱你。你打着毛线，头也不抬："真的？你心里是不是巴不得我早点儿死掉。"

在全家人为你过60岁大寿时，我说我爱你。你笑着捶了我一拳："死老头子！孙子都这么大了，还贫嘴！"然后就咯咯咯地笑个不停。

70岁时，我们坐在摇椅上，戴着老花镜，欣赏着50年前我给你的情书，布满皱纹的手像50年前那样紧握在一起。那时候，我说我爱你。你深情地望着我，我看到你那已经皱纹满面的脸依旧那么美丽，炉子上的开水咕嘟咕嘟地冒烟，温馨的暖意充满了整个屋子。

80岁时，你说你爱我。我什么也没说，但那是我人生最快乐的日子。我流泪了，因为你终于对我说出了那句"我——爱——你。"

90岁时，我们在一起，一同向对方说：我爱你。今生最大的幸福就是能够牵着你的手，一起陪你走完这一生。

"执子之手，与子偕老"。不需要太多言语，只要轻轻一握，就这样牵着对方的手，一直不放地走下去。在这个物欲横流的时代里，人们也许可以因为很多看似合理的理由在一起，但如果是因为爱情，那么，请珍惜。

※ 把爱情付给你，把婚姻留给她

有人说，每一颗心生来就是孤单而残缺的，多数带着这种残缺度过一生，只因与能使它圆满的另一半相遇时，不是疏忽错过，就是已失去了拥有的资格。生命里一半精彩一半落寞，这才是最好的人生，它不是残忍，或者别离和毁灭，而是祝愿、珍惜和永远。

其实，又有多少人不知晓这样的道理？只不过是知易行难罢了。

女人如花，多少人曾爱慕青春时的容颜，但岁月流长，是否有那么一个人，虽不能白首偕老，却始终在心里留一个位置给她，永生怀念。

男人倜傥，一生爱过几个女子或许也并不重要，重要的是，是否有那么一个人，无论何时何地想起都满心欢喜，想去见她，就像儿时所见的红蜻蜓在油亮的绿草上点点停停。

曾经，在某网站读到一篇描写林语堂先生婚恋往事的文章，名为《和在一起的人慢慢相爱》，至今记忆犹新。

文章开头用“可爱的老头”这样的字眼来形容林语堂，因为他说“把婚姻当饭吃，把爱情当点心吃，那就好了。”能这样形容婚姻与爱情之间关系的人，背后该有着怎样的故事？

在《八十自述》这本书里，林语堂这样写道：“我从圣约翰回厦门时，总在我好友的家逗留，因为我热爱我好友的妹妹。”这个“妹妹”名叫陈锦端，是作者的初恋、热恋，直至80岁仍难以忘怀的对象，甚至久病缠身却双手硬撑着轮椅站起来，兴奋地说“我要去看她！”而他终身所娶的，却不是这位陈妹妹，而是一位叫廖翠凤的女子。

1912年，17岁的林语堂远赴上海，来到圣约翰大学读书。就是在这儿，“最好的事”发生了：林语堂认识了同属一个教会教育中心的女校学生，陈锦端。用林语堂自己的话说，“她生得确是奇美无比”。才子钟情佳人，佳人爱慕才子，两人陷入了美好的热恋。

一切就像小说一样，相爱的男女到了谈婚论嫁之时，女方家长站出来，棒打鸳鸯：出身名门的陈锦端和教会牧师的儿子林语堂，怎么也是门不当户不对，在那个时代，是无论如何也得不到女方父母认可的。

然而，毕竟是书香门第，礼节还是要讲的：陈父拒绝了林语堂与自己女儿的婚事，却给他搭了另外一座桥：隔壁廖家的二小姐贤惠又漂亮，如果愿意，他可做媒。

这廖家二小姐就是廖翠凤。林语堂的横溢才气和俊朗相貌，让廖翠凤一见钟情。只是和陈家一样，廖母也不看好这门亲事，幽幽地对女儿说：“语堂只是个牧师的儿子，家里没有钱。”廖翠凤倒是干脆坚定：“穷有什么关系？”

一个富家姑娘，不嫌贫爱富，不怕跟着心爱之人吃苦受累，除了爱她娶她，努力让她过上好日子，男人无以为报。林语堂和廖凤翠定下了婚事。

1919年1月，林语堂迎娶廖翠凤为妻。结婚当天，林语堂做了一件无人闻听无人敢做的奇事：他把一纸婚书扔到火堆，对新婚妻子说，把婚书烧了吧，那只是离婚时才用得着。也许，这就是林语堂对廖翠凤的承诺？答案，只有他们两个人知道。

婚后的生活果然如廖母所言，日子并不富裕，甚至过得辛苦。但即使在捉襟见肘的时候，廖翠凤也能愉快地和丈夫享受在一起的平静日子，简单的饭菜照样能让她做得花样百出。实在揭不开锅时，她默默当掉首饰以维持生活。

其实，廖翠凤心中深知，对于结婚前后的那段往事，丈夫始终不曾放下，但她却并不计较。在上海居住时，她常常会邀请尚未成家的陈锦端到家中做客。每每这时，林语堂的紧张局促、坐立不安，让孩子都看了奇怪。廖翠凤微微一笑，平和地对孩子说："爸爸曾喜欢过你锦端阿姨。"后来，孩子又发现了一个秘密："为什么爸爸的画中女子都是一个模样：留长发，再用一个宽长的夹子挽起？"林语堂也不掩饰，抚摸着画纸上的人像，说："锦端的头发就是这样梳的。"

对于过往，林语堂并不隐瞒，大家都知道他对陈锦端的情意；但是林语堂的智慧就在于，不和生活较劲，得之我幸，不得我命。旧情再好，往事再美，不过已是云烟，最要紧的是珍惜眼前人。和在一起的这个人，好好生活，岁月静好。天长日久、烟火岁月，他早已爱上了身边这位与他相知相伴的妻子。即使有拌嘴或争吵，他也总是会首先闭口不言，甚至有些得意地说这是自己独有的妙招："少说一句，比多说一句好；有一个人不说，那就更好了。"如他在书中所写："怎样做个好丈夫？就是太太在喜欢的时候，你跟着她喜欢，可是太太生气的时候，你不要跟她生气。"

时光荏苒、岁月流逝，转眼间半个世纪过去了。

1969年1月，在台北阳明山麓林家花园的客厅里，一对喜烛点燃，林语堂和妻子一起庆祝结婚五十周年。庆祝会上，两鬓斑白的林语堂牵着太太的手，面对众人，说了一段“真情告白”：“我和我太太的婚姻是旧式的，是由父母认真挑选的。这种婚姻的特点，是爱情由结婚才开始，是以婚姻为基础而发展的。”说着，他把一枚精致的勋章戴到廖翠凤胸前，上面刻着一首美国名诗《老情人》，林语堂把它译成了中文五言：“同心相牵挂，一缕情依依。岁月如梭逝，银丝鬓已稀。幽冥倘异路，仙府应凄凄。若欲开口笑，除非相见时。”感恩之心可见，珍爱之情可表。

在过去的一万八千多天里，他们相互之间没有计较对方付出的多少，而是一直都在“给”与“爱”。林语堂曾得意地说：“我把一个老式的婚姻变成了美好的爱情。”

1976年3月，林语堂逝于香港，灵柩运至台北，葬于阳明山麓林家庭院后。廖翠凤一直守着他安度晚年，直到她与他在另一个世界再相见。

或许，真正的爱情无需计较在一起时是否热烈，单看不能相守后，是否还情如当初。而婚姻，又并不一定非要以深刻的爱情为基础，它犹如一艘雕刻的船，就看怎样去欣赏和驾驭。男女互补所创造的幸福，是可以让爱情在婚姻中生长的。让尘归尘，土归土；不执念，不摧毁；不逃避，不空无，灵魂自会寻找方向。

※美得欷歔，爱得快乐

2013年5月，一位女艺人睽违三年的全新专辑发表。与以往不同的是，这是她进入人生新阶段后的全新体悟，尘埃落定，她忍不住又想借由自己最喜欢的歌唱，来分享一些心声。

她在新专辑同名主打歌《亲爱的路人》中这样唱道："总要为想爱的人不想活 / 才跟该爱的人生活 / 来过 走过 是亲爱的路人 成全我 / 那时候只懂得爱谁最多 / 忘了谁最懂得爱我 / 对的人会成为一对 / 因为 再不怕犯错 / 没有错 让最爱的人错过 / 才知道最后爱什么 来吧 来吧 / 让亲爱的路人 珍惜我 / 没有你们爱过 没有我……"

这位女艺人就是那个"没有红酒的高贵典雅，没有咖啡的精致摩登，却自有一种温润香浓的芬芳"的奶茶——刘若英。

曾在某网友微博上看到过《为爱痴狂的女子，将不再孤单》一文，文笔细腻而流畅，让人看到了一个别样女子的情路征程：她曾走在一条文艺女青年的绿荫小道上，不知爱情在何处；曾经，她高声唱着《为爱痴狂》，感叹着《原来你也在这里》，在似水年华的时光里痴痴等待。终于，在2011年8月，她迎来了自己的爱情。

幸福降临时，有人祝福，有人感叹，还有一些人谈论着另一个名字：陈升。在某期的娱乐节目《桃色蛋白质》中，许多人近距离地了解了奶茶和陈升之间的故事：是他带她入行，为她打造《为爱痴狂》；是他告诉她，“唱片不是歌手的名片，也不是你嫁入豪门的跳板，而是我们真的付出很多生命在里面”；是他亲口对她说：“我会做那种永远让你找不到的爸爸，而不是那种要去问儿女会不会回来吃晚饭的爸爸”；而当闻听刘若英婚讯时，他忍不住眼眶湿润，“因为心中有嫁女儿的感动”。

2013年10月，刘若英在博客中写下了一篇《给九十岁的你》的文章，这是她给陈升的散文小品集《9999滴眼泪》所写的推荐序，其中有这样一段话：“你的确在我生命中扮演了很多角色，你也说过，大树要在天空交接相会才有意思，那时你的意思是说，我还是棵小苗，别老依附着你，要我自己学着长大！嘿嘿，你总会有90岁的时候，我也会有80岁的时候，到那个时候，我不奢望我的树长得比其他人高，也不需要长得跟他人一般高，我只确定，我的树顶能遥遥见得着你的树顶就够了。”

也许，每个女孩心里都有一位父亲般依恋和仰慕的对象，在他面前永远像学生一样。他教会了她成长，开启了她的智慧，让她发现一些生活的真相。只不过，年轻时候的我们往往会把这种感情幻想成童话，很美，却也令人欷 。直到有一天随着渐渐长大终于明白，那些在你生命中经过的人，或留下痕迹，或色彩鲜明，或灰暗模糊，然后，才能“跟该爱的人生活”，才会爱得快乐。

十几岁的时候，她的父母离了婚。在缺失阳刚之气的环境里长大，遇到麻烦的时候，她总会看到母亲那张焦虑的脸，这多少也影响到了她，以至于在面对很多问题时，她也少了几分勇敢和坚定。潜意识里，她一直渴望能够有个人借给她一双翅膀，助她飞翔。

二十几岁时，她遇到了他。他符合她心目中完美男人的所有标准，事业有成，心思沉稳，细腻体贴。她不用多说什么，他就能一眼看穿她的心事；她不用费心地解释，他就能给她最好的安慰。唯一的遗憾，他年长她20岁，早已为人夫，为人父。

有段日子，她问过自己：究竟是爱上了他，还是把缺失的情感寄托在了他的身上？她说不清楚，只知道已经深陷其中，不可自拔。在公司里，她努力成为他最好的助手，每每帮他漂亮地解决了一些问题，并得到他由衷的认可时，她心里会涌起一股浪花般的喜悦感；在生活上，她留意他每一个重要的节日，提醒他或是帮他准备好一切。

精明而历经世事的他，何尝看不出这个女孩的心思？可在他心里，她不过是一个比自己女儿年长几岁的孩子，仅此而已。他能够给予的，不过是在这个陌生的都市给她一份稳定的收入，让她找到一份属于自己的安全感。

偶尔，他会跟她开玩笑，或是故意调侃她，说给她介绍男朋友。她浅浅一笑，心里却泛起苦涩。偶尔，他会故意跟她说起自己的太太和女儿，说起家庭生活，甚至谈及他年轻时的一些往事，以及和太太的深厚感情。其实，他是在提醒她。

公司年会上，他携太太共同出席。那是她第一次见到他的太太，果然气质非凡，虽已不再年轻，却别有一番韵味。一整晚，她都窝在不起眼的角落里，黯然神伤。

不久后，公司需要派遣一位职员到丹麦总部，她主动提出了申请。按照她的性情，过去就算有这样的机会摆在眼前，她也不屑一顾，她真的不愿离开他。可现在，她却执意要走，义无反顾。踏上飞往丹麦的飞机时，她哭了。可是，她不后悔。

时隔两年，她回来了，再次与他相见。两人握手问候、四目相对的那一刻，她又哭了，但不是难过，不是感慨，而是见到了阔别已久的亲人。此时的她，已经有了另一半，正准备踏上新生活的征程。

她突然明白：从前那份复杂的情感，并非是爱情，只是一种寄托。

生命中，总要有些人教会你，什么是甜蜜，什么是痛苦，什么是拥有，什么是遗憾；同时也教会你，什么是错过，什么是真爱。“总要为想爱的人不想活，才跟该爱的人一起生活。”

※你不要找，你要等

置身于茫茫人海，她亦不过是一个平凡女子，34岁，未婚。望着周围成双成对的背影，她的心里也不免会感到一阵清冷和孤独。为了排遣寂寞，她不断地相亲，不断地约会，逃避独处。可就像人们说得那样："狂欢是一群人的孤单。"每次回到家，她只觉得心又被掏空了许多，没有换得一丝安稳和踏实。

从二十几岁开始，她的身边陆陆续续出现过不少男人，可似乎每一个人都不是她想要的，真正的爱情宝盒，一直深藏在心里，没有任何人打开过。仅有的几次恋爱，都以失败告终。她也曾试着与对方磨合，努力说服自己欣赏对方的好，可那感觉却总是怪怪的，很勉强。有时候，她不知道自己喜欢的是眼前的那个人，还是仅仅贪恋对方给予自己的好？

日子就这样一天天地过着，她的心越来越麻木。

偶然的一次，新婚的女友问她："你对另一半的期待很高？还是只想找一个彼此相爱的人？你是无法忍受对方的缺点，还是在对方身上找不到爱的感觉？"她思量着这几个问题，而后终于明白：她要的不过是一份真正的爱情，不是单纯地被人呵护，也不是奢华的物质生活，更不是成为彼此的慰藉。

爱情，何时才会出现？对的人，现在又在何方？

女友笑笑说："看过张爱玲的《半生缘》吗？里面有句话说得好：'我要你知道，在这个世界上总有一个人是等着你的，不管在什么时候，不管在什么地方，反正你知道，总有这么个人。'爱情可能会姗姗来迟，但你要相信，总有一天那个人会出现。"

席慕蓉曾说："为了与你相遇，我在佛前求了五百年。"爱情，向来都是可遇不可求。每一段爱情佳话的背后，多多少少都蕴藏着一段美丽的等待。

中国作协主席铁凝曾经在接受《南方周末》的记者专访时，谈及自己的情感生活：

1991年初夏的一天，铁凝去看望冰心。那一年，铁凝34岁，冰心90岁。

中国两代优秀的女作家，进行了一番奇妙的对话：

"你有男朋友了吗？"冰心问铁凝。

"还没找呢！"铁凝笑着回答。

"你不要找，你要等。"冰心说。

铁凝记住了冰心老人这句充满禅机的话。这一等，就是16年。

直到2007年4月26日，一则消息轰动了整个文坛：铁凝与经济学家华生结为秦晋之好。当时的铁凝50岁，这是她第一次品尝到婚姻的甜蜜。提及对丈夫华生的评价，铁凝只说了一句话："他是我一生可以相依为命的人。我喜欢相依为命这个词。爱情是无法言说的，所谓爱情就是当它到来的时候，其他的一切都将落花流水。"

在过去几十年的婚姻空白中，铁凝铭记着冰心老人的话，她说："一个人在等，一个人也没有找，这就是我跟华生这些年的状态。我说对爱情要有耐心，当然期望值不必过高，但不要让希望消失，我想是这样。永远不要放弃自己的期待。”

一直以来，她都渴望能够等到这样一个男人：带给她生命的喜悦，和内心的充盈。真好，她遇见了华生。当真正的爱情降临时，一切都显得是那么顺其自然，两人在慢慢的接触中感觉到，彼此就是要寻找和等待的爱人。

铁凝和华生曾经去过江苏的金山寺，那里有一块匾，上面篆刻着“心喜欢生”四个字。意思是说，如果心喜悦了，欢乐就生出来了。他们一起在苏州的山塘老街上听评弹，一起听《杜十娘》，听《太湖美》，但真正打动他们的，还是根据陆游和唐琬之词改编的古曲《钗头凤》。两个心怀柔情的中年人，在千百年的爱情绝唱中，相视一笑。他们在茫茫人海中，找到了灵魂之伴侣，这是何等的幸福。

生活中的等待有许多种：等待真爱的人出现，等待被别人挑选，等待可遇不可求的机会，等待未来的日子，它像一个谜，我们永远猜不到里面装的是什么。但有一点可以肯定，“人类的全部智慧就包含在这些字里面：等待与希望。”

纵观世间茫茫，似乎所有美好的事物，都是需要沉下心来慢慢等待的。品一壶好茶，烧开水，看着嫩绿的茶叶在沸水中轻轻舒展开来，慢慢融入清水中，散发出沁人心脾的淡淡幽香；又如爱情，向来是可遇而不可求。这大概就是顺其自然，随遇而安了吧。

真正的爱情和长久的幸福，绝不是为了结婚而结婚的关系，也不是委曲求全的勉强结合，而是顺其自然，水到渠成。缘分未到时，别着急去爱，天未荒地也还未老，耐心地等待。总有一天，你会遇到一个人，让你感觉之前经历的所有苦痛，都是值得的。那时，便心甘情愿。

※不要爱在“影子”里

女人往往嫁给了自己的“父亲”！

英国杜伦大学和波兰某研究机构的心理学家证实，女儿与父亲的关系将很大程度上影响她们的恋爱和婚姻，甚至可以说，对于那些与父亲关系不融洽的女性，她们在内心深处总是感到遗憾和忧伤，总有一种爱的需求没有被满足。在之后的爱情关系中，她们总是在寻求一些根本得不到的东西，而这些东西本来就不存在，一切都是她们自己的幻想，一种理想化的“影子”在她们心中挥之不去。

“我一直都知道，我不是爱着，不是爱着现实里存在的那个人。只是有时会思念，思念那种有一个人住在心里的感觉。”网上，米兰这样和闺蜜聊着。

“那时候，我不想见到他，害怕见面时两个人沉默的尴尬，害怕和他的陌生。我知道这不是爱情，不是一个人爱另一个人，其实只是爱着爱情，只是对爱的感觉不曾放手。看到一个和他长得像的人，听到一句与他有关的讯息，我都会瞬间愣住了神，一股想念瞬间涌起。可是，想念什么呢？我们之间没有任何许诺，没有任何亲密的交往，更没有说过‘我爱你’；只是曾经的一句‘昨天夜里，我梦到了你，近来可好？’也许，我从始至终都只是在爱着一个心里的影子。”

闺蜜面对着屏幕无言以对，她知道米兰并不是一个缺乏理智的女孩，她什么都明白，只是想找一个人来分享自己一路走来的感悟。所以，闺蜜什么都没有说，只是发了一个拥抱的表情，等着米兰继续往下说。

“后来，我彻底地放下了心里的那个影子，再回顾自己的生活，静心地去品味，去体会，才发现，在我身边实实在在每天和我在一起的这个人，其实是对的，至少他很容易走进我的心，不会让我尴尬。所以，我不再认为自己是在煎熬，我开始珍惜，渐渐的一切都不一样了。”

的确，也许每个女孩的心底都有一位“父亲”，幻想着，崇拜着，以为他们的智慧可以为你打开一扇通往多彩世界的门，让你快速发现一些生活的真相。但是不久以后，你便会发现，这样的男人也很残忍，他知道世界是怎么回事，还知道有许多事情是无能为力的，因为了解而缄口不言，最终留下“把我的悲伤留给自己，你的美丽让你带走”的无限怅惘。

更糟糕的是，从此以后的很长时间里，这个父亲的“影子”便在女孩心里挥之不去，时时刻刻以此为标杆，去衡量之后所遇到的每一个人。

因为心中横着这么一杆标尺，所以潜意识里对凡事都抱以一种审视甚至挑剔的态度，而她们自己却还不自知。在问及对男朋友有什么要求时，往往回答的都是毫不在意的“没什么具体要求”。一句看似简单的无要求，实际上是从来没有用心去整理过除了“影子”以外的条件，一旦遇到一个人，便马上下意识地衡量出尺寸长短。

即便偶有机会与异性交往的时候，她们也总是客客气气地远远站着，保持着一种安全到足以随时可以脱身的距离。因为沉陷在“影子”

里，所以从不肯轻易投入自己的感情；也因为这种态度，总是发现对方离自己心中的标尺越来越有距离。久而久之，一次次机会从身边滑走，心却越来越蜷缩进一个自我保护的硬壳里，油然的孤独更是肆意地在暗夜中滋生和蔓延。

其实，哪里有什么最好的“影子”，能触碰到手的爱护才是最真切的。美好的爱情不是一杆标尺就能简单度量的，只有我们自己敞开心扉，用一种欣赏的态度去发现对方的美，才能给他人也给自己一个平等的机会。在这个过程中，慢慢放弃比较，真正投入到感情之中，就会发现对方越来越多的动人之处；而当被这些动人之处感化的时候，也许就是去掉标尺、爱上对方的时候。

一首《爱情不能作比较》，唱出了多少人的心酸：“他很好 他多好 / 这些我并不需要知道 / 再难忘掉 多狂烈的拥抱 / 这回忆他也给不到 / 他多好 而我不同的好 / 最后是谁不重要 / 因为我知道 爱情不能作比较 / 就算是今天换一个人依靠 / 明天谁又比谁好 / 爱看不到 听不到 怎能作比较……”

的确，爱情不需要比较，也无法丈量和称重。别拿真实的他（她）和你心里的那个“影子”比较，抛弃心中的那杆爱情标尺，打破那具自我保护的硬壳，也许幸福就在眼前。

结婚前，苏羽就是一个高挑而曼妙的女孩，婚后几年依然美丽。她的婚姻似乎和她的相貌一样完美，丈夫几乎让她享尽世界所有的甜蜜——除了他们的物质条件和丈夫的相貌：他们并没有宽敞的房子，而丈夫的个子甚至没有苏羽高。

平淡的生活一天天过着，久了，也就倦了。这让苏羽越来越频繁地想起年少时的“他”，俊朗的外貌、挺拔的身姿，关键是，在苏羽心里，他就是一个全新的世界。

终于，苏羽和丈夫谈到了分手。

漫长的沉默中，丈夫久久无语。苏羽拿出好久没用的小剪刀开始修剪指甲，故作平静。

小剪刀有点钝了，不太好使，苏羽下意识地对丈夫说：“你把抽屉那把新剪刀递给我一下。”

丈夫把剪刀默默地递到她面前，苏羽伸手去接，发现对着自己的是刀柄，朝着他的是刀尖。

苏羽以前从来没在意过，这次看到觉得奇怪，便问：“你怎么这么递剪刀？”

“我一直都是这么给你递的，”丈夫说，“万一有什么意外，也不会伤到你的。”

“是吗？”苏羽毫不在意地反问了一句，心里却不禁动了一下，“我从来没注意过。”

“那是因为这太平常了。”丈夫静静地说：“我觉得这没有必要说——其实我对你的爱也是如此。自从我爱上你的那一天起，我就告诉自己，要把最大的空间给你，要把最大的自由给你。也许我给不了你那么大的房子，也给不了和你一起上街时别人羡慕的眼光，可就像刚才递剪刀时把刀柄给你一样，我把爱情的生杀大权给你，让你不会受到伤害——最起码不会从我这里受到伤害，这就是我对你的爱。”

听着丈夫一句句的心里话，苏羽的眼睛慢慢湿润了，她慢慢拉起丈夫的手，而他，早就等着苏羽靠在自己怀里，一把把她抱了过去。

所有的比较在这份细腻到已经融入生命的爱面前，都是那么得不值一提。印度思想大师奥修说过："玫瑰就是玫瑰，莲花就是莲花，只要去看，不要比较。"是的，高山上的松柏有松柏的挺拔，平原上的森林有森林的连绵。丢弃掉心里的标尺，不要爱在"影子"里，与最真实的爱人一起谱写属于你们的幸福故事。

※ 一段感情的结束，未必是悲剧

“看着身旁的人一对对 / 想起谁心痛在作祟 / 你看窗外山花开得那么美 / 只想牵你的手化蝶翩翩飞 / 我以为爱过就不会后悔 / 每次醒来的时候眼角还有泪 / 难道受伤的心还在呼唤谁 / 快来吧快来吧让我爱一回 / 谁是谁的谁的谁 / 谁让谁憔悴 / 谁是谁的谁的谁 / 谁让谁伤悲 / 来来往往的人 / 谁认识了谁 / 谁与谁相逢 / 谁是谁的谁……”

谁是谁的谁？一段感情结束后，伤心人总免不了这样问。最后我们发现，这世上，没有谁离不了谁。无论怎样，我们都要继续生活，无论如何，我们都还有继续幸福的机会。

荣获2010年金球奖的电影《和莎莫的500天》讲述了一个颇具超现实主义色彩的爱情故事，正如宣传语所言“一个不相信真爱的女孩遇上了一个疯狂爱上她的男孩”：女孩莎莫有着天使般惊艳的笑容，男孩汤姆则是一个曾经拥有建筑师梦想的普通小职员，共同的爱好让他们迅速坠入爱河。

汤姆相信命运的安排，坚信女孩就是他的唯一，而莎莫受到儿时父母离异的影响，对恋人关系和婚姻充满了不安和恐惧。甜言蜜语背后隐藏着不一般的矛盾，一个相信命中注定，一个清醒认识现实。终于，在一个温暖的午后，汤姆的世界到底还是崩塌了：莎莫毫无理由地向他提出了分手。

故事的结局颇有反讽意味：原本不相信婚姻的莎莫最后成了别人的妻子，而本来坚信命中注定的汤姆却开始憎恨爱情。就在这时，汤姆遇到了另一个让他怦然心动的女孩，一瞬间他恍然醒悟，原来没有什么所谓命中注定，奇迹也不会天天发生，一切都只是随遇随缘的巧合。

诚然，我们可以理解，包括你我在内的几乎每一个人都怀有一种美好的愿景：盼望一见钟情，期待至死不渝。很多时候，女人会一厢情愿地编纂、导演自己的爱情戏，相随相伴，不离不弃，以为有朝一日终会打动他的心。然而，随着岁月的流逝，那些终究是庄公晓梦，再美，也只是恍恍惚惚的遥远。一旦失去，便悲恸到深感一辈子不会再爱了。

殊不知，有时候我们恋上的并不是某个人，而只是那种非你不可的美好执着。等到我们邂逅真正对的人时，回首间才会猛然发现，那个曾经让我们撕心裂肺的人竟然变得愈加模糊，那些自以为刻骨铭心的事也已经忘却得差不多了。

林徽因曾说："红尘陌上，独自行走，绿萝拂过衣襟，青云打湿诺言。山和水可以两两相忘，日与月可以毫无瓜葛。那时候，只一个人的浮世清欢，一个人的细水长流。"

在一起的时候，女人时时感到，再美妙的幸福也不过如此了：她熟知男人的一切，衣服、裤子、鞋子，男人最喜欢的穿衣风格，最爱的口味，最常用的烟酒牌子……一切的一切，女人都无需背诵，因为有爱，所有的记忆都是那么自然而然，仿佛不经意间就印在脑子里，刻在心里了。

女人逐渐在爱中迷失自己，因为怕失去，所以她不断加倍地对男人好。但即使这样，仍旧没能扭转那个结局："我们，分手吧。"

当男人搬离租住的公寓时，女人的世界顿时失去了颜色，仿佛自己的灵魂都被装在了男人的行李箱中，被他全部带走了。

从此，一切似乎都变得了无生机，工作不顺，生活不顺，事事不顺，仿佛周围的所有都在和自己作对。

其实，这哪里是有谁在作对，而是手里还握着爱情那一点残留的痕迹，没有真正放下。要知道，一份逝去的爱不过是红尘路上一个小小的插曲而已，它不是生活的全部，无论如何，生活还要继续，路还要继续地往前走。

正如一首歌中所唱：“幸福不在远方，开一扇窗许下愿望，你会感受爱，感受恨，感受原谅，生命总不会只充满悲伤。他走了带不走你的天堂，风干后只留下彩虹泪光，他走了你可以把梦留下，总会有个地方等待爱飞翔。”

是啊，一段爱飘走了，却带不走你的天堂。芸芸众生，没有谁可以死生契阔、寸步不离，总会有人来又有人走。爱过，本身就是一种生活的所获，是生命的一次成长。同样是女人，有的人在分手时写下的心声，便透露出一种洒脱，一种淡定，一种“自我”的幸福：

现在的我，不再等你夜归，不必再强迫自己从温暖的被窝里爬起，为总是忘带钥匙的你去开门。现在的我，不再问你想吃什么，不必浪费难得的假日等你回家，这让我有了更多的自由时间去做自己喜欢的事。现在的我，不再像黄脸婆似的唠叨你，不再告诉你酒后驾车的种种危险，更不会在晚饭后打电话催你早回。

我已经没有义务和责任再去管你，也不必顾及你的面子而不敢大大方方地说话。现在的我，变得安静而善解人意，智慧而充满理智。朋友见面都说我的状态很好，这让我欣喜若狂。

现在的我，想对你说一声谢谢，谢谢你的离开，让我开始了更精彩的生活！

生命的旅程中，中途必定会有人下车。人生在世，背负的不止是情感，还有责任。一棵树和整片森林，一颗星星和整片天空，前方失去的，谁也不知道又会在后来的何时何地重新拾起。未来还长，不用急着悔伤，也不用急着寻找，最好的，生活都会给你。

何况，爱情路上，谁又能说一段感情的结束就注定是场悲剧呢？有时，说不定也是另一种美丽的开始。在“没有谁”的日子里，重新认识自己，再次塑造自我，一个人，浮世也清欢。